学生一定要注意的50个细节

"天下大事必作于细,天下难事必作于易"。细节是折射世界的一粒沙子,是垒起艺术殿堂的石砖,是美神皇冠上的珍珠。只要你将事情做细,做精,你将赢得世界的关注,登入艺术的殿堂,戴上高贵的皇冠。

王星凡 ○ 主编

天津出版传媒集团

天津科学技术出版社

图书在版编目（CIP）数据

学生一定要注意的50个细节 / 王星凡主编. —天津：
天津科学技术出版社，2012.6（2021.6重印）
（智慧少年书系）
ISBN 978-7-5308-6942-0

Ⅰ.①学… Ⅱ.①王… Ⅲ.①个人—修养—青年读物
②个人—修养—少年读物　Ⅳ.①B825-49
中国版本图书馆CIP数据核字（2012）第085328号

智慧少年书系——学生一定要注意的50个细节
ZHIHUI SHAONIAN SHUXI ——XUESHENG YI DINGYAO ZHUYI DE 50 GE XIJIE

责任编辑：杜宇琪
责任印制：刘　彤

出　　版：	天津出版传媒集团 天津科学技术出版社
地　　址：	天津市西康路35号
邮　　编：	300051
电　　话：	（022）23332399
网　　址：	www.tjkjcbs.com.cn
发　　行：	新华书店经销
印　　刷：	永清县晔盛亚胶印有限公司

开本690×940　1/16　印张10.5　字数210 000
2021年6月第1版第5次印刷
定　价：37.00元

童年的画卷

  童年像一道悬挂在天空的彩虹，它因人们追逐的脚步变得迷人而绚烂。

  童年像一股潺潺流淌的清泉，它因人们的精心保护变得清澈而透亮。

  童年又像一幅没有上色的画卷，它因自身的单纯变得更加纯洁而宁静。

  然而，并不是所有的画卷都很美丽。风的席卷、雨的滴落、孩童的打闹都会让美丽留下遗憾甚至荡然无存。呵护画卷美丽的唯一方法，就是从一个个细节开始，从每一笔勾勒，每一物体的对比度，每一处颜色的深浅，每一滴墨水的浓淡开始，用心构造和展现它的完美。可以说，细节是成就美丽的起点。

  童年是一个人一生中最天真烂漫的年华，如同一幅可以涂抹任何颜色的画卷。任何一幅画卷，如果一开始就忽略了它的颜色，那一定会成为这幅画卷的最大败笔。因此，任何一个毫不起眼的细节都影响着它的完美与否。

　　画卷如此，人生也是如此。西班牙思想家巴尔塔沙·格拉西安说："完成一幅完美的画卷很难，需要每一个细节都完美。只要一个细节没有画好，整幅画卷就会功亏一篑。"美国哲学家罗素说："一个人的命运往往取决于某个不为人知的细节。"

　　天下难事必作于易，天下大事必作于细。一心渴望伟大、追求伟大，伟大却了无踪影；甘于平淡，认真做好每一个细节，伟大却不期而至。这就是细节的魅力，水到渠成的惊喜。于细节可见不凡，于瞬间可见永恒，于滴水可见太阳，于小草可见春天。一个不经意的细节，往往最能反映出一个人的修养和深层次的素质。

　　小学生是春天里的花朵，是汪洋中的滴水，是草丛中的露珠，一切都是那么崭新，那么稚嫩，那么充满活力。如果在这个时候，像"差不多先生"一样凡事不求细节，那后果自然可想而知。

　　为使孩子们的童年绚丽多姿，本书从品格、学习、生活、社交四个方面出发，精选了50个经典细节，用精美的漫画、生动的语言、独到的点拨，提醒小朋友：这50个细节是必须要注意的。另一方面，小朋友的认知、分辨能力还处在初级阶段，因而需要家长和孩子一起品味书中的精粹，悉心体会这些细节给孩子健康成长带来的好处。希望家长用自己的实际行动循循善诱，塑造孩子的辉煌人生。

目 录

学习的细节

1　学会用眼睛捕捉周围的信息　2
2　别让粗心大意成为学习的绊脚石　5
3　坚持每天写日记　8
4　兴趣是你学习知识的最大动力　12
5　做一个聪明的记忆高手　15
6　掌握一些获取高分的窍门　19
7　做作业不应有丝毫折扣　23
8　上课不能开小差　26
9　写一手工整、漂亮的字　30
10　当个学习的"问题大王"　33
11　对付错题要有妙诀　37
12　创造一个舒适的学习环境　40
13　制订适合自己的学习计划　43

生活的细节

14	改掉挑食、偏食的坏毛病	47
15	讲究卫生,干干净净迎接每一天	50
16	独立自主,自己的事情自己干	53
17	寻找自己的爱好并长期坚持下去	56
18	学会理财,不浪费每一分钱	59
19	早睡早起,和瞌睡虫说再见	62
20	物归原处,给每件物品都找个家	65
21	善于珍惜和利用每一分钟	68
22	每天都要唱响运动歌	71
23	改掉一个坏习惯	74
24	不迷恋电视和网络游戏	77
25	保护视力,给自己一双明亮的眼睛	80
26	绝不拖拉,争做一个勤快的人	84

品格细节

27	坚持不懈,从小事做起	88
28	勤俭节约,从珍惜每一粒米开始	91
29	说到做到,做一个信守诺言的人	94
30	学会感激,经常说"谢谢"	97

31	摒弃谎言，从小事中培养诚实的品德	100
32	爱护环境，从我做起	103
33	谦虚的人很受欢迎	106
34	控制情绪，不对他人乱发脾气	109
35	遵守纪律，争做一个守法公民	112
36	父母生日的那天，为他们做一件事	115
37	面对错误，勇敢地说"对不起"	118
38	参加升旗仪式，培养爱国精神	121

交际细节

39	礼貌待人，做一个人人夸奖的小绅士	125
40	克服自卑，勇敢地走向自信	128
41	养一只小动物，和它成为好朋友	131
42	平时多锻炼你的语言表达能力	134
43	学会真心地赞美他人	137
44	成功的基石是合作	140
45	争当班干部，培养自己的竞争意识	143
46	消除自私，主动伸手帮助他人	146
47	做一个乐观积极的人	149
48	为自己撑起安全的保护伞	152
49	打开心门，主动和他人交流	155
50	每天给自己一个笑脸	158

于细节可见不凡，
于瞬间可见永恒，
于滴水可见太阳，
于小草可见春天，
一个不经意的细节，
往往能影响人一生。

学习的细节

每一种兴趣都可以成为成功的原动力;每一次作业都是对你学习耐力的最好考验;每一篇作文都可能变成华丽文采的基石……这些重要的学习细节,你注意到了吗?掌握了它们,你将不再为你的学习成绩而发愁。

1 学会用眼睛捕捉周围的信息

细说学习

在我们的学习和生活中，到处都充满着神奇的事物，但这些并不是随便可以看到的，它需要我们在用眼睛观察的同时也要用大脑思考，只有这样才能更好地发现其中的奥秘。

观察力是通向成功的桥梁，是任何一个人不可或缺的能力。大到对周围环境的观察，小到对一只蚂蚁的观察，都可以体现出你的观察力。当然，这种善于观察的本领不是一天就能练成的。小朋友可以通过每天观察事物的细微变化来捕捉信息，逐渐培养自己的这种能力。一个善于观察的人，会十分留意观察身边的世界：我们的生活是什么样的？我们家又添了哪些新的东西？春天来了，花园里有哪些花会开放？各种花有什么不同？树叶落在地上时为什么总是背面朝上？

观察是聪明的眼睛，没有敏锐的观察力，就谈不上聪明，更谈不上成才。只有观察，我们才能认识事物；只有观察，我们才能开动思考的机器。对于刚刚起步的小学生来说，可以从一件很小的事开始做起，比如观察一朵花的生长情况，观察一条河流的污染程度等，每观察一件事都要坚持写观察日记，这样你才能更清楚事物的变化情况，同时你还能从日记中发现一些秘密，这是不写观察日记的小朋友所发现不了的。如果你常常为写作文而烦恼的话，写观察日记是提高作文水平的一个好办法。下面我们来看一看其他小朋友写的观察日记。

观察日记

今天放学有点晚，铃声一响我就迫不及待地收拾好书包往家赶。好几天过去了，我的凤仙花不知怎么样了。

前两天还是嫩嫩的合拢的小芽片，今天它的叶片已经舒展开了！而且又长高了许多，可能是这几天妈妈帮我多浇水了，滋润了它。

学生一定要注意的50个细节

　　但我还发现,每当泥土没有水分时,叶片就会耷拉着脑袋,表面也失去了往日的光泽。这真应了那句话:水是一切生命的源泉!

　　你看,一篇观察日记就这样诞生了。它不需要多长,也不需要有多少深刻道理,只需要你每天认真记录自己的所见所闻,然后稍有一些感叹就可以。简单、明了、实用的观察日记相信是每位小朋友都能做到的!不是吗?

　　如果你想成为自然科学家、文学家、艺术家,如果你想让自己的目光敏锐一点,如果你想让自己变得更聪明一点,那就记住这一学习细节:

　　多用眼睛多观察。

百事通乐园

培养观察能力的窍门

　　为了最大限度地发挥眼睛的作用,提高小朋友的观察能力,百事通先生提供了几个窍门。大家一定要看哦!

　　★明确自己的观察目的、任务,学会科学的观察方法。比如观察一个字,观察力强的人能很快地把寓于生字中的熟悉部件看出来,或把形近字、音近字之间的细微差别区别清楚。观察景物,要有远近、里外、上下、左右、前后的顺序。

　　★学会把想象和观察紧密结合。恰如其分的想象,会为观察插上翅膀,意境更加广阔。

　　★随时随地都要观察。比如观察星空、观察大树、观察小猫小兔,观察市场上的繁荣景象,观察大街上一幕幕的场面,观察书店的摆设等。

　　★观察后,一定要写观察日记。

别让粗心大意成为学习的绊脚石

学生一定要注意的50个细节

细说学习

就因为一颗钉子，使得将军成了阶下囚，甚至有丢失生命的可能。看起来微小的钉子，却有着巨大的作用。回过头来想想，我们考试时的一个小数点，虽然不起眼，却能影响我们的成绩。本来我们可以考第一名的，可就是因为一个小数点的位置错了，就与第一名失之交臂，这多可惜呀！

其实，在学习和生活中还有很多类似的事情，看起来是一些小事情、小危险、小障碍、小错误，但如果你没有认真对待，存在侥幸心理，就会造成极大的损失。莎士比亚有"马，马，一马失社稷"的名句，说的是法国查理三世因为战马的马掌缺少一颗钉子而失去了国家的故事。

一个国家，一场战役，一匹战马，一只马掌，所有的损失都因为少了一个马掌钉！一个看似微不足道的马掌钉，结果毁灭了一个国家。世界上类似的粗心大意的事件还有很多，它们无一不在警告我们：任何一个小小的疏忽，都可能导致大错，有些疏忽将造成永远无法挽回的损失。

曾经，有一位智者赠言：避免一切小小的失误，就能减少巨大的意外挫折。这一道理，不仅适用于我们的学习，也同样适用于我们的一生。因此，从现在开始，我们要努力克服粗心大意的坏毛病。只有这样，我们才能做到：

不让粗心大意成为学习的绊脚石！

百事通乐园

克服粗心大意坏毛病的方法

首先，我们应该牢牢记住"莫以善小而不为，莫以恶小而为之"。在学习和生活中，我们要严格要求自己，不要轻视一个小标点符号的作用，不要轻视一个小数点的位置，做任何事情都要认真对待，避免粗心大意。

其次，我们可以把要做的事情详细写在纸上，时时刻刻提醒自己。这样坚持一段时间之后，你就会自然而然地丢掉粗心大意的坏习惯，养成认真细致的好习惯了。

比如，平时做作业的时候，就要按照规范的格式书写；晚上临睡之前，按照第二天的课程，把需要的课本准备好；出门的时候用一分钟的时间检查一下，是否有什么东西落下了，是否有什么事情忘记做了；对于每一次所犯的错误，事后要认真反省总结，不能视之不见，略略而过……

只要坚持做到以上两点，一定可以顺利地改掉"粗心大意"的坏习惯。

# 坚持每天写日记

细说学习

　　但是，小贝同学和漫画中的男孩可不一样。小贝最头疼的问题就是老师一周一次的日记抽查，要是老师不幸抽到了她，日记本上肯定只写了某年某月某日、星期几以及天气情况，甚至天气情况都没有记全。每周的这个时候是小贝最难过的时刻。

　　这天，老师诚恳地告诉大家：其实老师检查每个同学的日记，要比大家写日记还辛苦。

　　目前，大家还不具备自由表达想法的能力，不太容易养成每天写日记的习惯。老师让大家写，是为了培养你们的写作和表达能力。而且，老师阅读大家的日记时，也增加了对每个同学的了解。

　　日记是对自己的反省和检查。坚持每天写日记确实不太容易，不过，只要下决心坚持一段时间，慢慢就养成习惯了。小时候养成的习惯，不管是好是坏，常会伴你一生。如果从小养成写日记的好习惯，今后它将成为一笔巨大的财富。

　　所以，从今天开始，每天睡前写一点日记吧。

　　回想今天都发生了什么，自己做错了什么、做对了什么，再考虑一下明天，明天自己该干些什么。养成这样每天思考的习惯，对自己的成长是非常有帮助的。

　　同时，不要觉得写日记很辛苦，应该把日记当作自己最亲密的朋友，每天写，就像和好朋友聊天一样。不要光写"今天做了什么事"，像流水账一样，你可以随意地写出自己的想法和感觉。

　　久而久之，你的思考能力和写作能力会在不知不觉中得到提高，而且会给你带来很多快乐。

　　小贝听了老师的谈话以后，暗暗下决心：以后一定要坚持每天写日记。

　　对于那些与小贝一样不爱写日记的同学，这里告诉大家一些方法，以帮助大家更好地写日记，提高写作能力。

学生一定要注意的50个细节

第一,平时读课外书时,拿一支笔,打开一个本,边读边动笔。动笔,可以作标注,用线段或者符号把特别感兴趣的词句标注出来。

第二,开始时可以先摘抄,但不要大段大段摘抄,而是要有选择,选择自己特别感兴趣的片断。

第三,可以在书的空白处,简单批一个词,如"精彩"、"太妙了"、"不对"之类,过一段时间可以批注完整的一句话,再往后,可以用几句话,完整地表达自己的意思。总之,一定要做到"不动笔墨不读书"。

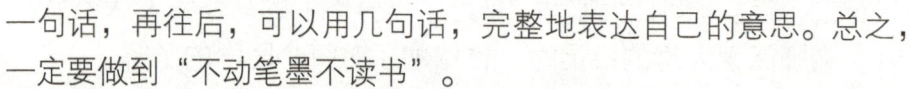

第四,外出时,及时把所见所闻和感想记录下来,哪怕非常粗略非常简单,也要记录,假以时日,就养成习惯了。

第五,养成写日记、记随笔的习惯。开头时可以非常简单,几个字,不会的字可以用拼音甚至符号,之后是一句话,再之后可以逐渐复杂,写成片断,甚至写成完整文章。关键是从小事做起,逐渐培养自己的好习惯,帮助自己更好地学习。

从上面不难看出,写日记的习惯是从平时摘抄中培养出来的,从而延伸到对其他事情的议论、记叙和抒情。你可以用你自己的办法来记日记,写你的快乐、你的不解、你的忧愁、你的梦想,总之,你想到什么都可以写进去。

当然,别忘了最重要的一点,那就是一定要持之以恒。如果你坚持不懈养成了写日记的良好习惯,某一天因别的事中断了,你会觉得那一天的生活缺了点什么,觉得那一天的生活不完美。所以,如果你想不再为写作文而发愁,如果你想用一种完美的方式记录你的成长历程,那就记住这一个学习细节:

随时动笔记录今天令你高兴、快乐、欣喜、悲伤、感叹的一切!

百事通乐园

写日记的好处

★用日记来规划你的步调。当你把目标写在纸上时,就已将它具体化了,你无形中就会按照你所写的来执行。

★记录每件事的差异化。每当学到从不同的角度看事情,学到不同的体验或新技巧时,必须把这些与原先事件有差异的部分记下来。

★记录特殊时刻及事件。这些时刻及事件对你有重大意义。例如,你生日那天,收到朋友送给你的一只找了很久都没有找到的储蓄罐,可以把心中的感动和眼角的眼泪也一一记在日记中,让你一次次地回味,并更珍惜彼此的感情。

★学会提出问题并积累更多的知识。你可以每天把晨间问题、晚间问题及其他问题及其答案记录在日记本中。

★解决问题。一般人时常让问题在脑海中打转,若能把它写在纸上,可以说是为解决问题跨出了第一步。

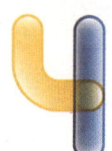 兴趣是你学习知识的最大动力

细说学习

爱因斯坦曾经说过："兴趣和爱好是最好的老师。"一个成绩第一名的小朋友一定是对学习有着浓厚兴趣的人，因为兴趣是获得好成绩的动力和源泉，也是成为第一名的基本条件。

是呀，兴趣是学习的动力，它可以产生无穷的力量，促使人集中精力去获取知识，全身心地投入到学习和工作中去。相反，如果对知识、对科学没有兴趣，把学习看成是一种负担、一件苦差事，当然就不会有好的学习效果。

学习兴趣促成了学习成功，学习上的成功又会提高学习兴趣，这是良性循环；反之，对学习厌烦，学习必定失败，学习失败又加重了对学习的厌烦感，形成恶性循环。所以善于学习的人，应该是善于培养自己学习兴趣的人。

当然，刚开始可能你并不是对每一学科、每一件事都感兴趣，但是，你可以尝试着尽自己最大的努力培养兴趣。比如，在跟同学辩论的时候，时而引用古人的一句诗词，时而引用一句名人名言，有时再一口气说出水浒一百零八将的名字，赢得老师的赞赏和同学们的羡慕，这将更加激发你对学习的兴趣。

再比如，你要记"火山、桌子、黑炭"三个词，可以想象火山的火苗飞喷过来，把桌子烧成黑炭；记"星星、汽车、高楼"三个词，可以想象星星跨上汽车，开着汽车前往高楼。又比如要记"牛、汽车"这两个词，你可以想象一头牛站在汽车顶上，一头牛从汽车门上车，一头牛驾驶汽车，牛拉汽车，牛顶汽车，汽车撞到牛，汽车压住牛，

 学生一定要注意的50个细节

汽车拉着牛跑等等。你的想象越丰富，记忆就越有趣，学习起来也就越轻松。

总之，兴趣是学习的内在动力，只有不断地发现兴趣、创造兴趣、培养兴趣，才会越学越有趣，越学越优秀。如果你想成为一名优等生，就要掌握学习细节的第一条：

带着兴趣去学习！

百事通乐园

教你几个保持学习兴趣的高招

★不只是去做感兴趣的事，而要以感兴趣的态度去做一切该做的事。

★自信是增加学习兴趣的动力，所以一定要相信自己的能力。

★多问"为什么"。

★根据自己的能力，适当地参加学习竞赛。

★肯定自己在学习上取得的每一点进步。

学生一定要注意的50个细节

细说学习

亲爱的小朋友，当你高高兴兴地背着书包踏进小学校园的大门时，当你一天天长高、长大，变得越来越懂事时，当你的学习任务一天比一天变得繁重起来时，你是否能够顺利地走过人生中第一个关卡？你是否整天在为整篇整篇要背诵的课文而担忧？

应该承认，我们每一个人都有着正常的智商。但是，有时候脑子偏偏就有些不好使，如时常把钥匙落在学校，把作业落在家里，刚学过的东西转眼就忘了等事情，经常困扰着我们。是我们太笨吗？当然不是，只是我们没有掌握科学的记忆方法，才会导致我们的学习和生活错乱。

目前，我们的学习内容还比较简单，要记忆的东西也不会太复杂。但是，随着学习的深入，要求大家记忆的东西就不会再那么单纯简单了。学习本来就是一个理解、记忆和运用的过程。而记忆在学习中占了很大一部分，并直接影响到学习效果。如果没有主动掌握一些科学的记忆方法，想要明显地提高学习效率，自然是很难办到的。

1885年，德国心理学家艾滨浩斯(H. Ebbinghaus)对记忆的要害问题——遗忘现象作了系统的研究。他以自己为实验对象，用无意义的音节为记忆材料，把记忆材料识记到刚好能正确背诵，然后按时间推移记下遗忘的程度，再把得到的数据连成一条曲线——这就是著名的"艾滨浩斯遗忘曲线"。

"遗忘曲线"显示：人的遗忘具有"先快后慢"的特点，在最初的20分钟内，遗忘率达41.8%，1小时后为55.8%，8小时后为64.2%。24小时后为66.3%。也就是说，在不到一个星期的时间内，原本记得清清楚楚的内容就只剩下四分之一了！

心理学家又在实验中发现，在刚能全部记清时就停止记忆，

4小时后能记得64.8%的内容。但是如果在刚能记清之后,再追加50%的时间去巩固它,4小时后便能记得81.9%,效果最好。如果此后继续投入时间,效果也不再显著提高。

有心理学家做过这样的实验:让三组小朋友去背同样的10张图片,一组只用听觉记忆,记住了60%;第二组只用视觉记忆,记住了70%;第三组同时运用视觉和听觉去记,记住了86.3%,效果最好。

这就是权威专家们研究出来的关于人类记忆的基本特点,精确的数字已经明确地告诉了我们一个秘密:我们的记忆是有遗忘规律的,有些人之所以记忆力很好,记得很准确,那是因为他们已经充分掌握了自己的记忆规律,会在知识将要遗忘的时候重复记忆,从而让知识变得更加牢固。

总之,如果你想做一个既聪明又不觉得累的记忆高手,你就要用心去发现和总结,同时还要谨记这一学习细节:

掌握记忆的遗忘规律,懂得在最适合的时间做最合适的事。

百事通乐园

你不可不知的最佳记忆方法

科学研究表明,人的大脑有4个最佳时段,学习时可充分利用这4个最佳记忆时段集中记忆。4个最佳记忆时段分别是:清晨起床后,为第一阶段;上午8点至10点为第二个时段;下午6点至8点为第三个时段;第四个时段是入睡前1个小时。

了解了记忆的特点和规律之后,你可以从下面几个方面入手,有效地提高记忆力。

★懂得快不如记得牢。理解和记忆的东西,如果没有及时

去复习巩固，过了一段时间，已经记忆的内容就会荡然无存。

★针对记忆的特点，投入恰当的时间，取得最佳的记忆效果。每次复习到能完全记清的时候，你最好再多投入50%的时间去巩固它。这样复习若干次之后，你的记忆就会比较牢固了。

★尝试运用多样化的记忆方法。因为单调的记忆方式不仅效率低，也容易产生消极情绪，导致心理疲劳。而多样化的记忆方法，就能避免这些问题产生，可以让你感到新鲜有趣，激发起更高的积极性。你可以根据不同的条件采取各种各样的记忆法，如独自朗读、动笔抄写、默读、听有关录音、回忆要记的内容、默写、请同学当听众或提问抽查、跟同学讨论、做题等。只有这样全面调动记忆潜力，才会有良好的效果。

★养成良好的记忆习惯。不要边做作业边听音乐，或者边听老师讲课边玩东西，一心二用效果总是很差。

有专家做过这样的实验：甲乙二人都被要求阅读同一篇文章，也都看同样的电视节目，但顺序安排不一样。甲先专心读文章，然后再专心看电视，乙却是边读文章边看电视。结果是甲能完整复述文章内容和电视剧情节，乙却不能复述文章内容，电视剧情节也不太清楚。

因此，当你复习记忆的时候，要尽力排除其他事情的干扰，养成一心一意做事情的好习惯。

★调整良好的心理状态。专家们经过调查研究，发现一个人记忆效果的好坏，与当时所处的心理状态有很大关系。学习时，你会发现记忆一篇很有趣的文章，和记忆一篇枯燥晦涩的学术性文章，效果肯定不一样。兴趣是最好的老师，只要你能激发自己的兴趣，记忆效果就能倍增。

★要有科学的作息规律，并且补充足够的营养。大脑也有疲倦的时候，该休息的时候，你就要让大脑好好的休息。

 掌握一些获取高分的窍门

 学生一定要注意的50个细节

细说学习

应该承认，我们周围的大部分同学都很努力，都希望自己的努力能够有回报。但是，为什么结果会有那么大的差别呢？其中最重要的一个原因就是：缺乏对考试技巧的掌握。显然，晶晶能获得成功，这跟她的应试技巧是分不开的。

考试不仅是在考察大家掌握知识的程度，同时也是在考验大家应对考试的能力。因此，掌握一些考试的基本技巧，不仅对平时的考试有所帮助，甚至对将来的中考、高考都很有效果。下面给大家介绍一些轻松通过考试的技巧。

第一，在考试之前，制订一个复习计划，有效地进行复习。一般来说，在总复习开始之前，大家应该根据老师的复习计划和自己的学习情况，制订一个切实可行的个人复习计划。

在制订复习计划的时候，应有针对性，针对本人的具体状况采用能够得心应手的方式和方法，针对教材的内容，突出重点并突破难点，消除疑点并掌握特点。同时还要注意对基础知识的掌握程度。基础知识是知识体系的根基，是分析和解决问题的要领和工具。对基础知识理解得越深刻，掌握得越牢固，就越容易解决问题。

第二，避免考试之前"开夜车"。考前充分的休息，表面上看来是浪费了点时间，其实在考试时反而会大有收获。相反，如果考前"临阵磨枪"、"开夜车"，表面上看好像争取了时间，但由于过度疲劳，到了考试的时候就精神不振了。在这里，大家一定要注意考前好好休息。

第三，学会给自己减压。有些小朋友一提考试，就紧张得不得了，自己给自己施加压力。其实，考试紧张是很正常的现象，一味的紧张不仅不能帮你什么忙，反而会乱了自己的阵脚。正确的做法是，深呼吸，放松心情，多看一些绿色的植物，尽量让自己心跳平稳，以最佳状态迎接考试。

第四，拿到考卷后，第一件事应该是通读试卷，做到心中有数。

如果是大型考试，应该先检查试题的科目名称、页码顺序、版面是否清晰完整，同时要注意听监考老师提出的要求或订正试题错误等。

接下来要将试题浏览一遍，了解试题的结构和题型。读到熟悉的题目，要暗示自己这里可以得分，切忌把注意力集中在生疏吃力的题目上，也不要去想这个题不会做，要丢分等。

在浏览试卷时要弄清题目的总数和难易，还要注意它们的配分情况，迅速做好时间的规划。

一般情况下，最好遵循先易后难、先小后大、先熟后生的顺序答题。这样可以避免花过多时间解答难题，到最后反而没有时间做有把握的题目。先做容易的题目能使大脑很快进入状态，有利于消除紧张，稳定心情并增强信心。

第五，学会合理地安排答题时间。分配答题时间的基本原则是在能得分的地方绝对不要丢分，不易得分的地方尽量争取得分。要知道，花10分钟的时间去做一道10分的大题，比花10分钟时间去攻克一道2分的选择题要有价值得多。

当然，这里说的时间分配也只是大致上的调度，没有必要精确到每一小题或是去计较每一秒钟。此外答完后最好留10分钟的检查时间，但是若题目太多，而且对自己所写的答案比较有把握，检查的时间可以相对缩短。

最好在答完一题后过几秒再继续回答下面的题。很多人为了赶快写完答案，总是分秒必争，写完一题之后马上做下一题。这种方法其实不太恰当，因为回答这个问题的思维模式并不一定适合另一个问题，必须让头脑冷静下来做一下转换。

如果遇到实在很难解答的题目，可考虑干脆放弃。尽量在会做的地方争取高分，才是考试得胜不可或缺的战术。对于可能要放弃的题目，一般先花这个题目的三分之一的时间思考，再决定放弃与否。

第六，尽量让自己的书写快、齐、准。书写要快，因为在重大考试的时候，一般来说时间比较紧凑，容不得你有半点慢条斯理。

书写要齐，是指卷面要整齐清洁，书写格式要按照规定，而且四周要留下适当的空间，避免在试卷的空白处东一段西一段地随意

学生一定要注意的50个细节

书写。此外，字迹一定要端正，大小要一致。

书写要准，是指书写的内容要准。也许有些同学会认为潦草点没有关系，反正全部答完还可以检查修改。其实，对于大部分同学来说，检查的时间很有限，有的根本来不及检查，即使检查时发现错误或漏洞，也没有时间和地方可以写了。所以，大家一定要尽力在第一遍的时候就做好，不要做太多的修改，更不要大范围地涂改。

读到这里，相信小朋友们都明白为什么自己明明很努力，而考试成绩却很不理想了。是呀，只要你掌握了一些基本的考试技巧，再加上勤奋和努力，还用为考试担忧吗？为了让你和你的同学都取得令人满意的高分，请把这一个学习细节告诉大家：

掌握基本的考试技巧，是轻松获得高分的法宝！

百事通乐园

克服考试紧张的几个秘诀

★做好准备！全面复习所有内容。

★在考试前的那个晚上睡个好觉。

★考试前要留有充足的时间做需要做的事情，以确保早一点到达考场。

★不要饿着肚子进考场。

★随身带一块糖果或其他营养品，也许可以帮你摆脱些紧张。

★改变坐的姿势，尽量使自己放松。

★如果你正在进行作文考试并对整个考题感到困惑，你应该选一个论题开始动笔，这样做也许会帮助你茅塞顿开。

★当有小朋友开始交卷时，你不必惊慌。老师不会给首先交卷的小朋友任何奖励。

7 做作业不应有丝毫折扣

学生一定要注意的50个细节

细说学习

万幸的是，张云没有被老师抽查到，要不然就是有十个地洞也无法掩盖自己的劣迹，被同学笑话答不上来不说，光是同学和老师知道自己的作业是抄来的这一条，就足够令他无地自容了。

做作业是对老师讲课内容的一个巩固过程，做作业要按时。如果你把今天的作业留到下个星期来做就没有效果了，就好像本该买来今天吃的菜你留到明天才吃一样，失去了它的原味。做作业还要讲求质量和效果。张云的做法纯粹是一种敷衍了事、不负责任的行为。我们可不能学张云那样，要不然会比他更惨的。

这里所说的作业，是指老师布置、必须完成的课堂练习和家庭作业。在小朋友的眼里，所谓的作业好像就意味着做不完的题，所以有些小朋友把作业称为"作孽"。他们认为大好的时光都在做这些永远都做不完的破题，真是"作孽"。

那么，既然是"作孽"，可不可以取消作业呢？答案是不可以。作业是学习过程中不可或缺的一个环节，缺了这个环节，学习过程就会出现中断。

作业不但不能取消，而且还要讲究时效，今天的作业绝不能拖到明天。如果你感觉自己对时间的要求不强，就每天把老师安排的作业做一个时间计划表，按时间的先后顺序来完成。

然而，是不是只要完成了作业就可以了呢？当然不是。我们不仅要认真完成作业，还要讲究方法。有方法，做一道题顶别人做三道题；没有方法，做了三道题也可能只顶别人做一道题，效果差别很大。

一位老师曾这样告诉他的学生：做作业一定要讲求"四项基本原则"。

原则一：不要对所有的题"一视同仁"。善于学习就是要能抓住重要的信息，知道这道题主要讲的是什么，透露着什么信息。而不是眉毛胡子一把抓，一视同仁，那样虽然做了不少题，但效果不一定好。

原则二：着重做不会的题。很多同学都容易犯这样一个毛病：会做的重复做，喜欢搞"重复建设"，不会做的不闻不问。这是做题的一个误区。善于学习的同学则不这样，已经掌握的题少做，专挑不会的题反复练习，这样才能学到新的东西，提高自己。

原则三：经常整理做过的题。有些同学经常是做完了题就一扔，同时大舒一口气："哎呀，终于做完了。"像是在完成任务。而有些同学则很珍惜自己的劳动果实，分门别类地整理自己的作业，不断地总结和发现新的问题。

原则四：不时翻看整理后的作业。作业整理好了，应该同课本一样放在书桌前或者最显眼的位置，不时地提醒自己翻看。要不然，整理得再好又有什么意义呢？

所以，如果你希望你的学习成绩有突飞猛进的增长，就请记住这一个学习细节：

做作业不应有丝毫的折扣！

百事通乐园

你的作业计划表

知道做作业是一个重要的学习细节后，你有没有检查自己的作业完成情况呢？不要再多想了，赶紧把你今天的作业计划表填好就是最大的行动了！

科目	该做的作业	完成情况	备注

上课不能开小差

细说学习

上课梦游，即我们常说的开小差，就是在听课时注意力被别的事情吸引过去，离开了听课的内容。上课开小差，无法专心理解老师讲课的内容，是学习的主要障碍之一。要想克服这个不好的习惯，必须首先了解开小差的原因。

第一，外部环境刺激往往是引起开小差的主要原因。例如：突然下雨了，同学们都没有带雨具，因此上课时常向外看；讲台上的粉笔掉在地上了，爱淘气的同学小声说了一句"地震了！"引起其他同学的不安；教室外体育课上不时响起的哨声，使一些同学想起了昨天晚上那场精彩的足球赛，虽然人在教室里坐着，心却早就跑到足球场上去了……

第二，心理原因也是引起开小差的重要因素。有些同学在上课的时候老是想起自己经历过的有趣的事情。例如：有的小朋友脑子里浮现出前一段时间看的电影或电视剧的画面，想到精彩处竟忍不住笑出了声音，有时还情不自禁地与旁边的同学讨论起来，不仅自己听不好课，也影响了别人。

第三，身体不好或精神不振也是上课开小差的原因。比如：有些同学没有吃早点的习惯，到第三节课就饿了，怎么下决心也提不起精神；有些同学晚上看电视看得太晚了，睡眠不够，上课时趴在桌上睡着了，还净做一些奇怪的梦；也有些同学体弱多病，感冒了，咳嗽了，影响了听课的效率……

那么，你上课开小差是属于哪一种原因呢？找出原因，自己就容易找到办法克服了。下面给大家提供几种方法，上课容易开小差

学生一定要注意的50个细节

的同学不妨试一试：

第一，克服外界干扰，养成闹中取静的学习习惯。在学习中，常常有不少外部因素的干扰，使我们难以集中精力学习，这时我们就要练就"闹中取静"的本领。当然，开始时会遇到许多困难，但只要坚持下去，就会取得成功。在现代的城市生活中，我们可能会遇到更多的刺激，如汽车、电视、录音机等声音，吵闹声、工地施工的声音等等，如果改变不了这些外界刺激的话，千万不要心浮气躁，一定要静下心来，投入到学习中去，不去想它，可能过一会儿你适应之后就感觉不到它了。

第二，加强意志锻炼，做支配注意力的主人。在学习中我们除了会遇到外界的刺激外，还会受到内部因素的干扰，如情绪低落、身体欠佳等，这些更容易使我们开小差。因此，我们要学会以坚强的意志同一切干扰作斗争。汉朝杰出的历史学家司马迁，在被奸人陷害遭受宫刑后，仍忍受屈辱，在极其恶劣的情况下，用坚强的意志控制自己的情感，集中精力撰写史书，经过十多年的艰苦努力，终于写成了"史家之绝唱，无韵之离骚"的巨著——《史记》。

第三，注意休息。人在疲劳的时候是很难集中注意力。所以我们必须养成良好的学习习惯，学习时全力以赴，休息时尽情娱乐。

第四，跟上老师讲课的节奏。在听课时如果你遇到了听不懂的内容，千万不要停下来卡在那里，脱离教师的讲课轨道，这时候你应该在不理解的地方作个记号，然后接着听老师的讲课内容。等下课后，再去向老师或同学请教不理解的问题。

第五，放松心情。如果你在上课时，老是胡思乱想，静不下心来，那么，这时候就先不要强迫自己听课，而是闭上眼睛，全身放松，缓慢呼吸，尽量排除其他念头，全神贯注数自己呼吸的次数。大约3分钟后，再开始听课，这样你就会集中注意力了。

最后，告诉大家一个有效的听课秘诀：五到——眼到、耳到、口到、手到、心到。也就是说，上课的时候，眼睛要盯着黑板仔细地看，耳朵要认真地听，嘴巴还要时时配合老师，回答问题或者发言，手要着重记录必要的知识点，心里要时常思考问题。只有这样，你听课的效率才会提高。

所以，如果你想让你的学习成绩有惊人的提高，那么请注意这一学习细节：

上课绝不要开小差！

百事通乐园

五种不良的听课习惯

很多成绩不好的小朋友听课效率都很差，造成效率差的原因是他们在听课的时候有很多坏习惯。曾经有位国际知名的教育专家指出了五种不良听课习惯。你看你犯了哪几种？

★觉得上课太单调无味。

★喜欢批评老师。

★不听过程只听结果。

★忽略主要内容，而对其他一些无关的内容加倍注意。

★选择简单的内容，不做深入的思考。

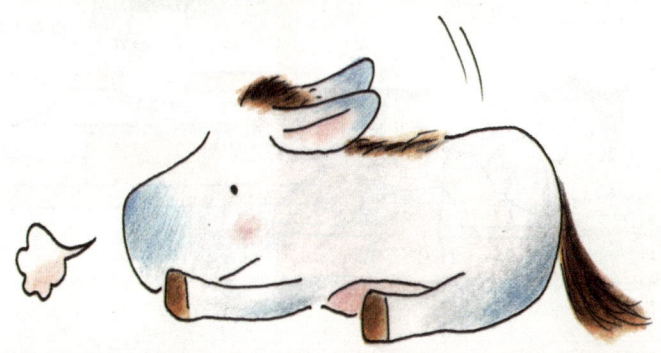

 写一手工整、漂亮的字

细说学习

说不定你也有这样的经历，因为字迹潦草，本来可以多得几分的结果却没有得到。其实，写好字不仅是一种习惯，更是一种教养。把字写漂亮，可以培养自己严谨、细致、一丝不苟的品格，从而对学习上任何问题都马虎。同时，把一份手写体的、工工整整的作业、文件交出去，也是对师长、对别人的一种尊重。

但现在很多人并不注意书写的美观和工整，甚至在众多的大小朋友中，字写得好的也屈指可数。

有人觉得把每份作业、文件都写得那么仔细、工整，会耽误时间。其实不是，关键是要从小养成习惯，如果从小学入学起就养成了一种习惯，既能写好，又能写快，就不会耽误时间了。

许多部门在招聘人才时，特别声明，应聘者的简历和应聘书必须手写，不能用电脑打，就是想通过应聘者亲手写的字，来审视一个人的一些内在品格。

古人云：字如其人。写得一手好字的人学习肯定也不会很差，而写字马虎、东倒西歪的人肯定学习上也马马虎虎，经常做完题目不注意检查，丢三落四，等后来发现又大呼晚了，但又屡犯不改。拥有一手工整、漂亮的好字，不仅能很快提升你的个人形象，还能帮助你更好地学习，提高学习成绩。

如果你和故事中的女孩一样字写得很差劲，因此在学习上吃了这个亏，那就记住这一个学习细节：

经常找一个安静的地方，拿起笔，摊开纸，静心地练字吧！

学生一定要注意的50个细节

百事通乐园

随时随地练就一手工整、漂亮的好字

★从最基本处着手，让自己把每个字的笔画、笔顺写准确。

★适当地学习一点书法，有时间多参观一些书法展览。不是为了去参加书法比赛，而是要自己懂得什么样的字是漂亮、美观、大方的。

★平时写作业和答试卷时，不仅要注意内容是否正确，还要检查字写得是否工整、漂亮。

★读书、看报时，不只注意欣赏书报文字的内容，还要注意审视字体、书法是否美观，上街时，注意欣赏街市牌匾上漂亮的字。

10 当个学习的"问题大王"

 学生一定要注意的50个细节

细说学习

有时候不经意的一个疑问，也许你会有惊人的发现，就像牛顿。当然，牛顿发现万有引力并不是那么简单，但是苹果落地这一现象确实引发了他的思考、他的疑问。因此，苹果落地成了一个契机。不要小看生活中的每一个现象，在表象下掩藏的东西往往会让你大吃一惊，因此对待每一个你想不通的问题，一定要大胆地提出"为什么"。

那么，多问为什么有什么好处呢？

第一、经常提出疑问有助于记忆。人类的大脑经过再三强记，最后是会记住，但是这种硬逼着自己强记的知识是不管用的，没有多久就又忘得一干二净，发生不了很大的效用。但是如果不断有疑问，就会促使你去寻找答案，而即使要记忆，也能因为深刻的了解而记得更牢固。

刚学发问的时候，不必拘泥于"应该问得漂亮"，大可从小小的疑问来问起。一旦养成发问的习惯，你自然就觉得该问的事情实在很多，而问得越多，学习的乐趣也就越高了。

第二、发问有利于开动大脑、开阔思维。如果小朋友总是羞于向老师开口，积累的疑惑就会越多，那么他得到的知识也就越少。很多经验丰富的老师都说，经常提出问题的人，应用能力总是超人一等。这些人，平时看起来似乎领悟得较慢，但是在实力测验或模拟考试的时候，就会发挥惊人的潜能，拿到顶尖的成绩。

反过来说，那些平时不断点头、好像什么都懂的人，一碰到应

用问题，就犯傻、直了眼，考不出好的成绩来。

所以，不要害怕别人会笑话你，只要你勇敢地迈出第一步，只要你敢问问题，你就会收获很多你以前所不知道的。

问问题时，不要只拘泥于问老师，你还可以问同学、问爸爸妈妈、问朋友、问身边其他的人，甚至可以问字典，问其他课外读物，只要你想得到的都可以问，就能得到答案。如果真的找不到答案，那就肯定有待于人类去开发、发现。你不要放弃这个难得的机会，说不定在你不断深入钻研的同时，你还能发现一个天大的秘密呢！而你就因此成为一位闻名世界的大家了。真是一举两得！

因此，如果你看到你周围有人遇到难题时，沉思不语企图蒙混过关，请大声告诉他这一细节：

遇到难题时，一定要多问几个为什么！

百事通乐园

多问为什么解决大问题

世界著名的日本本田汽车公司，曾经用多问几个为什么找出问题的最终原因，从而使问题得到根本的解决。

有一天，丰田汽车公司的一台生产配件的机器在生产期间突然停了。管理者立即把大家召集起来，进行一系列的提问来解决这个问题。

问：机器为什么不转动了？

答：因为保险丝断了。

问：保险丝为什么会断？

答：因为超负荷而造成电流太大。

问：为什么会超负荷？

学生一定要注意的50个细节

答：因为轴承枯涩不够润滑。
问：为什么轴承不够润滑？
答：因为油泵吸不上来润滑油。
问：为什么油泵吸不上来油？
答：因为抽油泵产生了严重的磨损。
问：为什么油泵会产生严重磨损？
答：因为油泵未装过滤器而使铁屑混入。

从上面的提问中得知，连续用了6个"为什么"使问题得到根本解决。在这些提问中，若当第一个"为什么"解决后就停止追问，认为问题已经得到解决，换上保险丝。这样，不久保险丝还会断，因为问题没有得到根本解决。

在解决问题时，要多问几个为什么，做到"刨根问底"，这样才能使问题得到根本解决，尽可能消除隐患。工作是这样，学习又该如何呢？

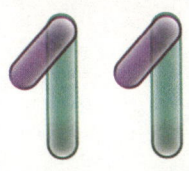 对付错题要有妙诀

学生一定要注意的50个细节

细说学习

其实,考试只是一个检测的手段,它可以检查出你对这阶段所学知识的掌握情况,同时你也可以通过考试反复记忆学过的知识,发现问题,及时改正。

考试中做错的题,常常是因为马虎,或者学习中没有完全理解造成的。老师说出正确答案时,你会恍然大悟:"哦,原来是这样啊。"因此,考完试后,要检查自己错在哪里,为什么会错,是因为粗心,还是不会,要对做错的题目进行分析,一直到完全弄懂为止。

人经常会在同样的地方摔倒两次。就像小天,上次考试做错的题,这次竟然又错了。因为他看完试卷的分数后就不再看错题了。

考试的意义就在于,可以发现自己不懂或者容易出错的地方在哪里。对那些做错的题,要重新再做一遍,记在本子上。当然不要忘了记上正确的答案和解题方法。千万不要像小天这样,一考完试,就把试卷扔掉,而应该把它们都收集整理起来。

学习好的人,考试后通常会把试卷上的内容温习一遍。如果你觉得这样太麻烦,还不习惯,可以挑出其中较难的和做错的题目,重新做几遍,加深记忆。这样,下次就不会犯同样的错误了。如果你身边还有其他同学也在为做错题而发愁,请你把这个学习细节转告他。

做错的题重做三遍后,才能加深印象。

你经常会自我检讨吗？

我的缺点：

1 _____
2 _____
3 _____
4 _____
5 _____

我该如何改正：

1 _____
2 _____
3 _____
4 _____
5 _____

12 创造一个舒适的学习环境

细说学习

一个舒适的学习环境不但会令人感到舒爽愉快，而且学习起来也能得心应手，做功课遇到难题也不会异常烦躁。然而很多人却不注意这一细节，你看玲玲就是这样的人。不过后来玲玲终于注意到了，学习效率也提高了。

从上面我们可以看出，随着周边环境的变化，人的心境与态度也会有所不同，当周边杂乱不已时，人的心会随之纷乱散漫。而在一个有条不紊的环境里，集中精神则很容易。因此环境对学习和生活都是非常重要的。还等什么，赶紧收拾整洁你的屋子吧！

第一、书桌上摆设要整齐。既然书房这个大环境很重要，那书桌这个小环境也理所当然的同样重要了。要营造好的书桌环境，最重要的就是不要在书桌上放置其他的杂物。

书桌上没有其他的杂物，会让自己得到一个信息：不可以做其他的事了，现在就该学习。要学习就应该认真，不然就干脆去玩。倘若明明身体已经坐在书桌前了，心中还在想其他的事，这样当然无法读好书，没有好的成绩，也怪不了别人。

第二、选择理想的照明条件。白天学习的时候，室内的采光大致不会有什么问题，一到晚上，照明条件的好坏就跟学习的效率大有关系了。例如：光线不足，眼睛很快就会感到疲劳。眼睛一感到疲劳，睡意就来袭，再不就是浑身感到倦怠，学习的劲头全失。

在书房里，以大约60瓦的灯泡直射书桌，并且灯泡离书桌约50

学生一定要注意的50个细节

厘米,这样所产生的亮度最为合适。

以一般的电灯和日光灯来比较,从效果上来说,日光灯的照明条件似乎比电灯更适合学习。只要不让光线直接射到眼睛,日光灯可说是学习时最理想的照明用具。

第三、保持适合学习的温度和湿度。据专家的研究,使头脑保持清爽、学习效率最高的最佳温度是18℃(包括室内、室外),湿度若低,也可以感到神清气爽。例如:气温是21℃,湿度保持在40%的话,比较适合学习;而如果气温同样是21℃,湿度高达70%,就会令人感到闷热,达不到理想的学习状态。

要保持头脑清醒,光是气温和湿度适合还不够,同时还要使书房内的气流不断流动,否则长时间在密不通风的室内学习,脑袋容易变得昏昏沉沉。

所以,如果你想让好动的自己尽快投入到学习中去,那就自己动手创造这一个学习细节:

赶快行动,创造一个舒适的学习环境。

百事通乐园

布置书房应注意的事项

★书桌不宜正对房门。

★书房的座位不应背对着房门。

★书桌不宜太靠近床,否则容易引起你的疲倦。

★书房垃圾应勤清除,避免细菌蔓延。

★书房不宜摆玩具、玩偶、挂明星画像等,这样容易吸引你的视线。

13 制订适合自己的学习计划

学生一定要注意的50个细节

细说学习

多么聪明的蚂蚁啊！它们趁着暖和的天气，辛勤地为自己准备过冬的食物。而懒惰的苍蝇就不一样了，平日里游手好闲，到了严寒的冬天，只能又冷又饿地死在臭水沟里。

不知你是否也像苍蝇一样，游手好闲，整天埋在电视和游戏堆里，把当天要复习的功课一拖再拖，作业也是丢三落四。到了快考试的时候，才着急起来，到处借笔记。平时不懂的问题堆积得太多，这时也没有办法一下子弄明白，考试成绩自然很不理想。

为什么不给自己制订一个合理的学习计划呢？要知道一天只有24小时，制订合理计划的人通常能做完25个小时的事情，而没有制订计划的人连20个小时的事情都做不完。下面教大家几个制订学习计划的技巧。

第一，学习计划主要是计划对空余时间的合理利用。

第二，在制订计划的内容时，你必须列出具体任务，然后把学习任务具体分配到每一周、每一天去，再计算一下，每天可以有多少学习时间，每项内容大致需要花费多少时间。计划一定要切实可行，不要好高骛远。

第三，每个计划执行到结束或执行了一个阶段后，就应当检查一下效果如何。如果效果不好，就要找原因，进行必要的调整。然后，再检查自己是不是基本按计划去做，计划任务是否完成，学习效果如何，没完成计划的原因是什么，什么地方安排太紧，哪些环节安排轻松，等等。通过检查后，再修订计划，改变不科学、不合理的地方。

第四，一张一弛，文武之道。计划制订时，也要考虑到吃饭、睡觉、休息、娱乐、体育锻炼等活动时间。

第五，确定计划后，就应该严格执行，但在学习中，要根据实际情况灵活安排，不可过于拘泥。同时，还要注意和同学交流学习心得，向老师请教学习方法，及时充实调整学习计划。

除此之外，大家还要注意：不要因为懒惰照搬照抄他人的学习计划。要知道适合别人的学习计划不一定适合你自己。只有自己动手，亲自实践，才能制订出最适合自己的学习计划，并因此而收到相应的学习效果，让自己成为一个做事有计划有步骤的人。

因此，如果你想取得好成绩，你要注意并遵循的学习细节是：制订适合自己的学习计划！

百事通乐园

制订学习计划的四大好处

★学习计划可以帮助你克服惰性和倦怠，尤其是当它与一个自我奖励制度配合时会更加有效。

★学习计划表可以确保你不会浪费时间，使你有时间做其他该做的事。

★如果你能按部就班、循序渐进地完成你的学习计划，那么学习便不会给你带来太大的压力。

★学习计划表可以使你了解自己的学习进度，让你清楚地知道哪些事等着做，还可以帮助自己对先前的学习做个评价。

生活的
细节

　　今天的成就源自于昨天的积累，明天的成功则有赖于今天的努力。小到洗手、大到自立都表明，一个微小的生活细节有可能影响你的一生。小朋友只有从小就注重细节，养成良好的生活习惯，将来才能主宰自己的人生。

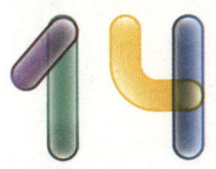 改掉挑食、偏食的坏毛病

学生一定要注意的50个细节

细说生活

有调查显示：在我们国家有31％的小朋友不愿意吃早餐，有37％的小朋友每天或者经常喝含糖饮料。另外，我国大部分小朋友不愿意吃的营养丰富的食物有：芹菜、胡萝卜、白菜、土豆、海带、豆腐等，这些食物营养价值比较高，对于小朋友健脑是很有帮助的。而那些快餐食品，有些就含有破坏大脑的毒素。如果喝多了可乐类的碳酸饮料，其中磷酸盐和柠檬酸的成分会使钙质流失，对脑部造成不良影响，使人变得过度敏感，容易发脾气，注意力也变得散漫，最后会引发情绪不安，这些因素最终导致身体素质差，学习成绩也不理想。

由此看来，类似小刚一样挑食的小朋友还大有人在，他们现在还认识不到身体缺乏营养的严重后果，而等到意识到的时候，也许身体就已经被某些疾病控制了。

大家不要以为这没什么大不了，吃东西也要讲究那么多。你知道吗，吃东西包含着很大的学问呢！

偏食就是只喜欢吃某一类的食物，比如有的小朋友只爱吃水果，有的小朋友只爱吃瘦肉，而不爱吃大多数的食物；有的小朋友不爱吃蔬菜和肉蛋类，也不爱吃面食；有的小朋友吃饭时只用馒头蘸菜汤吃，有的只吃一些零食，而且已经形成了习惯，大人劝说也不起作用。

所以，为了自己的健康，请不要一看到自己不喜欢的食物就皱眉头。为了让自己的身体更好地生长发育，要多吃些富含各类营养的食物，如豆类制品、蛋、鱼虾、奶类、瘦肉；富含维生素和钙等无机盐的蔬菜、水果等，原因是各类营养成分都补充充足了，我们的身体才能像小树苗有了阳光和雨露一样快速地成长。

　　一棵小树的茁壮成长需要吸收多种养分。很难想象，只吸收一种养分的小树会长成参天大树。同样，一个人的健康成长，也需要多种营养的供给。所以，为了让自己有一个健康的身体，请注意这一细节：

　　戒除挑食、偏食的坏毛病。

百事通乐园

营养健康歌

苹果消食营养高，黄瓜减肥有成效；
葱辣姜汤治感冒，大蒜抑制肠胃炎；
菜花常吃癌症少，猪牛羊肝明目好；
盐醋防毒能消炎，花生降醇亦健胃；
瓜豆消肿又利尿，抑制癌菌猕猴桃；
香蕉含钾解胃火，禽蛋益智营养高；
芹菜能降血压高，西红柿补血驻容颜；
健胃补脾吃红枣，白菜利尿排毒素。

细说生活

小朋友，你们知道吗？不讲卫生造成的灾害已经给人类带来了许多深刻的教训。2003年轰动全世界的SARS病毒，引起了全世界人民的恐慌。SARS病毒的侵入就是因为我们平时没有注意卫生，它使许多人葬送了生命，但至今仍有一些人还在充当着疾病传播者的角色，他们并没有意识到不讲卫生对自己以及他人有多大的危害。

也许有的人觉得天天洗洗刷刷的太麻烦了，如果你这样想，那就错了，因为如果不这样只会给自己带来更多的苦恼。

手接触东西最多，很多细菌的传播都是通过手产生的。经常洗手，干干净净迎接每一天，不仅仅是为了我们自己，而且还是为了全家。一个人是否干净，体现在无数个细节中。下面我们介绍一些讲究卫生的细节，你可别小看了这些细节，它直接关系到你的身体健康。

第一，勤洗澡，勤洗头。小朋友正处于身体发育的阶段，每天的新陈代谢都很旺盛。因此，要经常洗澡、洗头，同时，还要每天换内衣和袜子。

第二，保持口腔健康。口腔健康不仅指早晚要刷牙，而是每次饭后都应刷牙。科学刷牙的最佳次数和时间是"三、三、三"，即：每天刷3次，每次都在饭后3分钟刷牙，每次刷牙3分钟。科学的刷牙方法是竖刷法，即顺牙缝方向刷。先刷牙齿的表面，将牙刷毛与牙齿表面成45°角斜放，并轻压在牙齿和牙龈的交界处，轻轻地做小圆弧状旋转。上排的牙齿从牙龈处往下刷，下排的牙齿从牙龈处往上刷，然后刷牙齿的内外侧。

第三，定期整理和清洗书包。书包是我们每天都要携带的，它的整洁也关系到个人的卫生面貌，背上干干净净的书包会给自己一个好心情。因此建议最好每月刷洗一次书包。

第四，携带纸巾或手绢。把它们放在书包或衣兜中方便取出的地方。要吐痰或者擦鼻涕时及时取出。用后的纸巾不要随地乱扔。虽然

学生一定要注意的50个细节

这些都是小事,但是如果不注意,不仅影响健康,还会让同学们对你的印象大打折扣。回家以后要更换、清洗用过的手帕,始终保持清洁。

手绢和纸巾也可以同时携带,但要分开放置,并让它们担负不同的使命。例如,手绢用来擦干水迹,吐痰时可以用纸巾。

在《小学生守则》中,"讲究卫生"已经被写入了。因此,当大家朗朗上口背诵时,别忘了用行动证明这一细节:

讲究卫生,干干净净迎接每一天。

百事通乐园

检讨站

最近,百事通先生通过各种渠道,暗访到很多小朋友沾染上了许多不讲究卫生的坏毛病,更为严重的是很多人都认为这些毛病对个人卫生没什么影响。多么可怕的事情呀!因此,百事通先生决定给大家一个反省的机会,看看自己到底有哪些坏毛病,该如何改正。

我的坏毛病:

我写字时经常把铅笔放在嘴里,妈妈说这样既损坏了牙齿,又会把铅笔外层的涂料吸入体内,对健康不利,容易引起中毒。

我经常:_____

我经常:_____

我的改正措施:_____

如果我下次再把铅笔放到嘴里,妈妈或者老师、同学一定要提醒我,甚至可以拍一下我的小手。

如果我:_____

如果我:_____

学生一定要注意的50个细节

细说生活

看完这个漫画故事，相信很多小朋友都能自然地想到自己：我都这么大了，转眼就要上初中了，可我什么事都依赖家长。自己的小手帕、脏衣服、脏袜子从来没洗过，有时就连洗脸、洗脚都是妈妈帮忙，更谈不上自己做饭了。八哥长期依赖他人，结果因为饥饿而送了命。小朋友长大后最终是要离开妈妈的，如果你也像八哥那样，后果将不堪设想。

学会料理自己的生活，是一个人在社会化过程中不可缺少的一个环节。不少人由于在生活上由父母"包打天下"，6岁的小朋友鞋带散了不会系，急得直哭；9岁的小朋友不会穿衣服，闹出将内衣当外衣穿的笑话；10岁的小朋友要妈妈喂饭等。

这种"温室效应"下的小朋友，因娇宠而任性、脆弱，追求享受，缺乏独立性和克服困难的勇气与能力。一个人如果小的时候不养成独立自主的习惯，什么事情都依赖父母，是很难长大的，即使长大了也很难经得起社会考验，很难成才。

因此，我们要从小就有意识地锻炼自己的自理能力，不要忽视这个重要的生活细节，因为小学阶段是培养自理能力的关键时期。

第一，整理学习用品。收拾学习用品、整理书包，记住和准备好自己第二天该带的东西。不要总是丢三落四，依赖别人提醒你。

第二，自己解决学习中的问题。学习上遇到了困难是你自己的事情，要开动脑筋左思右想，实在想不出来才能请求别人的帮助，不要动不动就问。

第三，安排好自己的学习时间。每天完成学习任务后，再看电视、玩电脑或者做其他游戏，不要把今天的事情拖到明天，不要等到爸爸、妈妈和老师催促才去读书写作业。

第四，搞好个人卫生。自己收拾、打扫自己的房间，摆放好自己的衣服、日常用品并保持干净整洁，不要随手乱放，等待爸爸妈妈整理和清洗。

　　第五，饭后收拾碗筷。吃完饭收拾和清洗碗筷也是你自己的事情，不仅要清洗你一个人的碗筷，爸爸妈妈的也要清洗。

　　以上所列举的只是独立自主的一方面，在平时生活中，还有很多事情都值得大家动手去做，去锻炼。因此，如果你想长大后自己有所成就的话，就应该记住这一个生活细节：

　　独立自主，从小就培养自己的自立能力。

百事通乐园

测试你是否是一个依赖型的人

　　这是美国心理学家针对依赖性人格进行研究，并将其特征做出的总结。对照一下，如果你具备以下至少五项特征，那就可以诊断为依赖型人格。

　　★做事情犹豫不决，在没有从他人处得到大量建议之前，难以对日常事物作出决策。

　　★对生活上的事情无助，经常让别人帮助自己做出重要决定。

　　★即使知道别人错了，也经常随声附和别人。

　　★缺乏独立性，很难自己单独开展计划或做事。

　　★过度容忍，为了讨好别人而经常做自己不愿意做的事情。

　　★害怕孤独，不喜欢一个人呆着。

　　★当某种亲密的关系中止时，会感到无助或崩溃，特别害怕失去朋友。

　　★经常害怕被人遗弃或冷落。

　　★被批评或没有得到表扬的时候，内心感到受伤害。

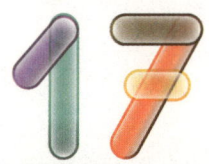 寻找自己的爱好
并长期坚持下去

细说生活

　　从上面这幅漫画中,我们可以看出法布尔对昆虫的热爱正是源于那个秋夜。其实生活中很多事情都是这样,也许就在一个偶然的时间,你发现自己的爱好和特长,如果能长期坚持下去,一定能有所收获。法布尔就是例子。

　　请认真回答以下三个问题:

　　1.除了学习之外,你有其他爱好吗?比如学小提琴、画画等。

　　2.对你的爱好,你已经付出行动了吗?

　　3.你准备把你的爱好当成像吃饭、睡觉一样每天都要做的事情吗?

　　如果你在回答第一个问题时,还有点犹豫不决,那说明你还没有发现自己的兴趣和爱好;如果你在回答第二个问题时还处在思索的阶段,那说明你的爱好只是你的一句口头禅而已,你并没有为此付出过实际行动;如果你在回答第三个问题时正在摇头,那说明你的爱好并非是你的真正爱好。因此,你需要重新思考,重新发现,到底什么是你真正的爱好。

　　瑞士著名心理学家皮亚杰也曾经明确地指出:"所有智力方面的工作都依赖于乐趣。"有了兴趣,人们就会自觉地从事或追求这种爱好的事情。兴趣、爱好是一种爆发力很强的原动力,它使人勤奋,使人坚持不懈地干下去。

　　爱因斯坦4岁时,父亲送给他一个指南针。小小的爱因斯坦发现,指南针无论怎么摆放,指针总是朝着一个方向。这使他感到了莫大的惊奇:"这里面一定有什么神秘的力量在起作用!"于是他就去问别人,别人回答不出,他就自己琢磨,渐渐地他开始对神秘、宽广无边的科学产生了浓厚的兴趣。

　　后来,已经在科学领域做出卓越成就的爱因斯坦,在自传中追溯自己的科学历程时,还专门谈了小时候这件给他心灵带来震动的事。他认为，兴趣是最好的老师，它指引着你不断地去努力探索和发现。

所以，不要担心自己因为喜欢乒乓球而耽误了学习，也不要担心因为喜欢游泳而忘记了做作业，只要你懂得合理地利用和分配时间，你就一定会在你的爱好中饱尝乐趣，并由此而得到爱好的馈赠。因为：

人生因为有各种爱好才更加精彩。

百事通乐园

我的爱好清单

读完这些激动人心的故事，小朋友肯定已经按捺不住了。如果能把自己的爱好发展成自己的事业，那是多么幸运的事情呀！哎！别急！百事通先生给大家出几个高招。请大家认真填写下面的清单，然后依照清单认真执行，从小就给自己的人生作一个详细的规划。当然，完成这份清单可能时间要久一点，但是不会有人埋怨的。因为通过这个行动能了解自己，帮助自己，谁会不乐意呢？

我的爱好：_____

_____

_____

对于这个爱好，我有如下行动：_____

_____

_____

学会理财，
不浪费每一分钱

学生一定要注意的50个细节

细说生活

　　聪明的人一眼就能看出，孔佳不是在花钱，而是在浪费钱。其实，与其把钱浪费在吃喝玩乐上面，还不如买一些自己喜欢又实用的东西。这样既能约束自己用钱，又能在无形中培养自己的理财观念，何乐而不为呢？

　　也许你现在并不需要一辆自行车，也不需要一个漂亮的书包，那么你完全可以把爸爸妈妈平时给的零花钱和压岁钱，通通都收进你的小金库里，等到你的确需要的时候，就不需要伸手向爸爸妈妈要了。到那个时候，能用自己攒起来的钱买一件自己喜欢的东西，别提有多神气了！如果你确实没有一点理财观念，那就把钱老老实实地交给你的爸爸妈妈，放在他们那里比放在你自己的怀里要安全得多。但是，我们更加提倡自己管理自己的钱物。

　　当你的小金库里的数目比较大时，你可以把它们交给大管家——银行，来帮你保管。沈阳一家银行推出一种名为"成长户口"的存折储蓄业务，专为未成年人服务。据银行提供的数据，仅2004年春节7天，就增加了一千六百多个小储户，现在每天仍有不少人前来开户存钱。

　　当然，你还可以把你的零花钱捐给希望工程，为灾区儿童献上一片爱心，比玩任何游戏都有意义。

　　金钱，只是人们用来购买物品的一种工具。拥有它，人们可以购买到自己所需要的物品，提高自己的生活质量。但是，它不会凭空而来，每一分钱都是大人们辛辛苦苦赚来的。作为小朋友，一个纯粹的消费者，更应该从小就懂得节省和珍惜每一分钱，树立良好的理财观念。有一天，当我们真正独立走向社会时，能够不为自己糟糕的消费行为而苦恼，能够恰如其分地处理好财务、甚至生活上的一切，而这一切都源于你今天的理财观念。

　　理财，你会了吗？

百事通乐园

美国孩子怎么理财

　　大多数美国孩子3岁能够辨认硬币和美元纸币；4岁知道每枚硬币是多少美分，认识到他们无法把商品买光，必须作出选择；5岁时就知道钱是怎么来的；7岁能够数大量的硬币；8岁就知道他们可以通过做额外工作赚钱，知道把钱存到储蓄账户里；9岁能制订简单的一周开销计划，购物时知道比较价格；10岁时懂得每周节省一点钱，以备大笔开销使用；11岁时知道从电视广告中发现事实；12岁能够制订并执行两周开支计划，懂得正确使用银行业务中的术语。

细说生活

真可惜啊，如果猫不睡懒觉的话，也许今天就有人属猫了，当然这只是个故事而已。不过，人们常说"早起的鸟儿有虫吃"，是很有道理的。

如果你有过早起的经验，你一定会发现，早上的空气很新鲜，周围也比较安静，而且心情很好，所以精神状态最好。在这种情况下学习，肯定能收到事半功倍的效果。

而晚上就不一样了。经过一天的学习和活动，身体和精神都比较疲倦，如果再加上熬夜，就更加疲惫了。在这样的状况下学习，往往是事倍功半。更严重的是，如果熬夜，第二天上课的时候就会打瞌睡，不能好好听课，这样长期下去，形成恶性循环，怎么能取得好成绩呢？

良好的睡眠不仅可以使大脑得到休息、放松，还可以帮助你整理白天学过的知识。有时你会惊奇地发现，头一天不太清晰的学习内容，到了第二天早晨，竟然已经想通了。

良好的睡眠还可以加强对当天学习内容的记忆。睡觉之前，如果你轻松自然地把知识点在大脑中过滤一遍，第二天会记忆得更清楚，长期下去，就可以建立长久牢固的记忆。

如果已经有熬夜和睡懒觉的习惯，那么从现在开始一定要改掉这个不良习惯哦！小朋友们早上可不要等到妈妈拍屁股才肯爬起来。在正常情况下，每位小朋友每天睡10小时的觉就足够了。

英国约克大学的赫伯特博士说，睡多没好处，一个人如果睡得

学生一定要注意的50个细节

太久,会引起血液循环不良。他说,人在睡眠中,呼吸一般比醒时慢,其间血液里的二氧化碳逐渐增加,会变成体内的麻醉剂,越是多睡,就越想睡。睡懒觉这一陋习对于身体健康极为不利。

第一,导致身体衰弱。

第二,对呼吸有"毒害"。

第三,影响肠胃功能。

第四,破坏生物钟效应。

第五,妨害神经系统正常功能。

因此,如果你不想让自己变成"大懒猫",如果你想让自己拥有一个健康的身体,记住第一条生活细节:

早睡早起,和瞌睡虫说再见。

百事通乐园

做到早睡有方法

★每晚9点左右就做好睡前准备工作,准时上床睡觉。如去阳台呼吸新鲜空气,深呼吸,刷牙洗脚,静坐一会儿,使身心放松。

★抑制刺激,如睡前不要看电视、电影和书籍等。

★每天坚持按时早睡早起,坚持锻炼身体,做一些力所能及的运动。

★入睡前不要吃夜宵,不要饮浓茶、咖啡、饮料和吃巧克力。晚饭不要吃得过饱,可以吃一些含有氨基酸的食物。

★要有一个舒适安静的环境,床铺要符合睡眠的要求,不要亮着灯睡,可播放催眠曲,培养按时上床,上床立即入睡的良好习惯。

# 物归原处，给每件物品都找个家

 学生一定要注意的50个细节

细说生活

从上面的漫画中我们可以看到,玛丽并不是淘气,也不是懒惰,而是她没有注意到这个细节,她没有注意到把每样物品都放回原处,比在需要的时候花更多的时间去找它更省事。不过,幸好有莎拉的提醒,相信从今以后玛丽会记住这个重要的细节,她会给每件物品都找一个家。

有的小朋友会把自己的东西放得整整齐齐,一点儿也不用家长操心。可有的小朋友总是爱乱扔东西,把零食、玩具弄得满屋子都是,还要让上了一天班的爸爸妈妈回到家里辛苦地帮他收拾,并且他还认为自己的行为没有什么不对。多么幼稚的行为呀!那么你呢?小朋友,你有乱扔东西的毛病吗?

随便摆放东西既不利于自己方便,也不利于别人找,为什么不把东西摆放得有条有理呢?在这里,给那些爱乱放东西的小朋友提几个要求。

第一,做好你自己的事情。因为自己不做小事的人,大多缺乏责任心,更难以考虑他人的感受和辛苦。因此,如果你想养成这个好习惯,就先学着做好自己分内的事情。

第二,珍惜别人的劳动。不做破坏他人劳动成果的事。在家里,爱护父母打扫过的房间,珍惜妈妈做好的每一顿饭菜;在学校,珍惜老师辛苦备课的成果,认真听课;珍惜清洁工人的劳动,爱护公共环境;在小区里,也要爱护小区环境;珍惜园林工人的工作,爱护花草树木。

第三，在家里、学校里用过的东西要放回原处。有时候难免懒得动，但是为了养成物归原处的好习惯，不妨从第一次开始。在取某一个物品之前，先看看它原来放的地方，用过之后尽快放回去，既利人又利己。

第四，在学校图书馆、阅览室或者书店里看书，看完后要放回原处。

第五，在超市购物，要把不打算买的商品、购物车、筐等搬回指定处，既维护了公共秩序，又展现了你自己的礼貌。

当然，刚开始做这些事情时，你可能会不情愿，但坚持下去做一段时间以后，你会发现你的生活将得到极大改善，你的房间将展现出从未有过的整洁，而这一切都归功于一个生活细节：

物归原处，给每件物品都找个家。

百事通乐园

学会纠正自己乱放物品的坏习惯

★ 给自己准备几个大纸盒。针对你把东西扔在地上的行为，可以把东西都扔到纸盒里。

★ 经常和父母一块儿整理房间，整理好了，一起欣赏。这样你可以感受整洁的房间所具有的美感。

细说生活

　　漫画中的故事告诉我们，珍惜时间，就会有收获。古人说过："一寸光阴一寸金，寸金难买寸光阴。"昨天和今天没什么大区别，今天和明天也没有不一样，一年四季，春夏秋冬循环往复，但是我们的个子长高了，慢慢又变矮了，头发由黑变白了，这时才刚想起，该学的没有学，该会的没有会，该做的没有做，但是过去的时间却再也找不回来了，这样的人生又有什么意义呢？所以，小朋友们一定要从小珍惜时间，努力学习，将来才能成为有用之才，否则就难免要"少壮不努力，老大徒伤悲"了。

　　可是也有一些小朋友对此不屑一顾，不就是一点时间吗？不就是一分钟吗？我们生命中多的是一分钟，但如果你看看下面这个故事就不会这么认为了。

　　进化论的奠基人达尔文刚刚从剑桥大学毕业时，还是一个名不见经传的小伙子。在伙伴的邀请下，他参加了一次环球考察。

　　在"贝尔格"号轮船上，达尔文利用每一天的时间，进行了大量的考察，搜集了足够研究50年的标本。而在大家聚在一起聊天时，他坚持写航海日记，还与国内的科学界朋友保持着书信的联系，其中一些观点与看法还被整理为论文发表。

　　5年后，这次环球航行结束。当达尔文踏上国土时，他惊讶地发现自己已经被称为海洋生物学专家了。有人问他怎么能在海上漂泊的5年中做出那么大的成绩时，他回答说："因为我懂得如何利用每一天的时间。这些知识都是在一个个其他人看来不起眼的半个小时中获得的。"

　　读了这个故事，小朋友有什么感受呢？是不是觉得自己平时浪费了很多时间呢？所以，如果你希望自己像达尔文那样取得惊人的成就，那请注意这一个生活细节：

　　珍惜和利用每一分钟！

 学生一定要注意的50个细节

百事通乐园

给喜欢浪费时间的人几点中肯的建议

对于那些喜欢拖延、不珍惜时间的小朋友，百事通先生确实伤透了脑筋。好在百事通先生神通广大，专门为小朋友们搜集了一些独家秘方，让我们一起来看看吧！

★给自己制订一个24小时的作息时间表。也许你从来没有计划过如何度过一天的时间，你可以以三天的时间来修改你的作息时间表，不过，你现在就要拟定一个草稿，每天都可以修改，但在三天后要最终确定你的作息时间表。

★严格按照作息时间表来安排你的一切，不要因为你的不良习惯破坏了你的计划，要有一个美好的开始，这一步非常重要。

★每天晚上，对照检查。虽然忙碌了一天，但在你临睡觉前，检查一下你是否按照计划完成了所有的事情，如果没有很好地完成计划，你要查找原因，这样你会做得更好。

★没完成的事情，及时制订补救措施。

22 每天都要唱响运动歌

学生一定要注意的50个细节

细说生活

一个人不经常运动，身体是没有活力的，长此以往，整个人的抵抗力就变得十分脆弱，就像婷婷一样。一位世界级运动员曾经说过一句很经典的话："当我的肉体疲倦了，我的精神也随之得到休息。"因此，我们应该加强锻炼，提高自己的身体素质。对身体来说，每一天它都需要新的养分。

小朋友加强体育锻炼主要有以下几个方面：

第一，积极参加学校安排的体育课。体育课是经过教育学家研究决定的课程，其内容非常有利于小朋友身体的锻炼。它的锻炼内容、锻炼强度以及锻炼时间都有利于小朋友身心健康和合理调节学习。比如，课间休息的广播体操，可以调节学习强度。要知道，这段时间就是专门用来锻炼的，自己也无法做其他事情。与其马马虎虎对待，不如积极认真锻炼，达到健身的目的。这对学习和身体都是非常有益的，像婷婷这样的同学更应该多参加。

第二，经常晨跑。晨跑是一种对学习和身体非常有帮助的锻炼方式。首先，它能够充分地增强体质，而且还能对身体其他各部位进行锻炼，比如肺部和心脏等等，特别是心脏，可以增强心脏输血功能，加强血液循环。其次，它能保持头脑清醒。经过一个晚上的睡眠，大脑还处于朦胧的状态，如果这时立即投入到学习中去，显然是在浪费宝贵的时间。为了提高学习的效率，经常晨跑是必不可少的。

第三，晚饭后可适当散步。大脑是学习的机器，机器好，学习效率才会高。要想保持清醒的头脑，每天进行适当的体育锻炼是必不可少的。小朋友正处于身体快速发育的阶段，锻炼有助于消除大脑疲劳，对健康有重大意义。为让自己有一个更加健康的身体，为让大脑得到最好的锻炼，请牢牢记住这一细节：

每天都要唱响运动歌。

百事通乐园

给小朋友几点加强体育锻炼的建议

★给自己制订一个体育锻炼时间表，或者安排一项便于实行的体育锻炼内容，利用每天的零碎时间进行锻炼，如原地跑步、立定跳远等。

★室内新鲜空气少，长时间的学习会增加脑力活动的负担，因此要多到室外活动。比如，下课时到操场上走走，假日里到郊外踏青等。

★有条件的话，在家里置办一些体育活动用具。比如，羽毛球拍、乒乓球拍、小哑铃等，在课余时间，起身活动一下。

★周末或者晚上，可以多到户外去锻炼，和爸爸妈妈一起打羽毛球、散步，或者利用小区里的健身器材活动一下，既可以锻炼身体，又增加了和父母沟通的机会。

★积极参加学校或者街道、小区里组织的有益的文化体育活动。

23 改掉一个坏习惯

细说生活

几乎每位小朋友都有着这样那样的坏习惯，乱扔东西、做事拖沓、拖延时间、粗心大意、经常迟到、不吃早餐、喜欢睡懒觉、沉迷于上网或玩游戏、吃饭扒拉盘子里的菜……有的人经过父母的提醒会很快地改正过来，有的人却是屡教不改，甚至任其恶性发展。

我国有句俗话"三岁看老"，一些毛病看似微不足道，但一旦习惯了就变成了一种坏习惯，其后果将不堪设想。因此，小朋友应从小养成好习惯，摒弃坏习惯，哪怕一天只改变一点点，对自己的一生也大有裨益。

对于习惯，西方有句名言是这样说的："播下一个行动，收获一种习惯；播下一种习惯，收获一种性格；播下一种性格，收获一种命运。"一个好的习惯对一个人的一生意义是非常重大的，同样，一个坏习惯在人的一生中也处于举足轻重的地位，甚至会让厄运从此和你纠缠在一起。

当然，习惯的养成，并非一朝一夕之事。要想改正某种不良习惯，也不可能一蹴而就。有关专家研究发现，一般人要想改掉一个旧习惯，大概需要三个星期的时间。但是，说到底改变坏习惯就是一个态度问题，如果态度端正了，坏习惯自然就会改掉，就像故事中的老猴金金一样。所以你必须给自己一段时间，来改掉你的坏习惯，如做事拖拉、不拘小节，甚至整天沉迷电子游戏等等，然后以更好的方式取而代之。

学生一定要注意的50个细节

不要以为一两个坏习惯没什么大不了的，习惯一旦在你身上扎根久了，你想改都很难。反过来说，假如你用一个月的时间改掉了一个坏习惯，那么一年之内你就可以改掉12个坏习惯，这样的话，你还怕因为你身上缺点多而让别人讨厌你吗？

所以，为了让自己的生活更加完美，为了让更多的人喜欢你，请注意这个生活细节：

从现在开始，把自己的坏习惯详细写下来，制订一个克服计划，争取消灭它。

克服坏习惯清单

如果你想改掉身上的坏习惯，如果你想成为一位优秀的小朋友，如果你想让自己收获一种好的命运，那么就别再犹豫了。在下面这个清单中把你的坏习惯详细写下来，制订一个克服计划。

我的坏习惯：_____

_____

_____

_____

我的克服计划：_____

_____

_____

_____

# 不迷恋电视和网络游戏

学生一定要注意的50个细节

细说生活

亮亮的妈妈坚持这样一个观点：玩的时候尽情地玩，学习的时候要只想着学习。亮亮也严格按照这个观点来控制自己，最后形成习惯，因此亮亮的学习得到很大的进步。

如果你还没有自我约束力，就和自己的监护人一起制订一个章程来约束你自己吧。相信你会很快见到成效的。

甲方：

乙方：

甲乙双方经协商同意，就学习和看电视时间约法三章：

一、甲方不准在没有做完作业的情况下自行看电视。如有违反，甲方一星期不能看电视。

二、甲方所完成的作业情况都要经乙方检查。没有出现任何问题就可看电视，如经乙方检查有错题、漏题等情况，甲方须认真完成。（甲方可以要求乙方协助完成。）

三、乙方有责任监督甲方的执行情况。如晚上九点半之后必须睡觉、每天只能看30~60分钟的电视、每天督促甲方坚持做眼保健操等，如有遗漏疏忽之处，将增加甲方30分钟的看电视时间。

当然，我们并不是完全拒绝电视和电脑，而是提倡有节制地看电视和玩电脑。一些专门为少年儿童录制的电视节目，就很值得我们学习。看这些节目，可以开阔眼界，增长见识，提高认识能力和判断是非的能力。

对于电脑这个新型的工具，我们要擦亮眼睛，正确对待。一方面，可以利用电脑查阅我们所需的资料，方便我们的生活和学习；另一方面，网络上有很多垃圾信息，小朋友目前还不具备分辨能力，应避免和这些信息接触，净化视野。

所以，如果你想让自己的生活更加和谐，想让自己健康、快乐地成长，那请注意这一细节：

不迷恋电视和网络游戏。

百事通乐园

贪恋电视和网络游戏的坏处

★ 每周看电视的时间总是超过10小时的儿童更容易超重，更具好斗性，在学校的学习也更落后。

★ 经常性地看电视和玩网络游戏，容易引起眼睛疲劳，视力下降。有近60%的小朋友视力下降都是出于这个原因。

★ 看电视过多的人，都不善于和他人交流，以后也不利于走向社会。

★ 如果一边看电视、一边吃饭的次数过多，会引起肠胃的消化系统工作不协调，导致厌食、挑食的病症。

★ 网吧里通常人多，声音嘈杂，长时间地上网，因身体缺乏锻炼容易导致大脑缺氧，甚至引发猝死。

★ 网络游戏只是一种娱乐工具，没有其他的好处，玩得过多不仅浪费金钱，也有害身心。

25 保护视力，给自己一双明亮的眼睛

细说生活

看吧,这就是近视眼闹出的笑话。眼睛是心灵的窗户,拥有一双明亮的眼睛,是一个人健康的重要标志之一。通过眼睛,我们可以直接、真实地了解这个五彩缤纷的世界,如果没有眼睛,即使外面的世界再精彩,我们对四周的感觉只是一片永远的黑暗。看过海伦·凯勒写的《假如给我三天光明》的人都能深刻领悟到:拥有一双明亮的眼睛是多么幸福的事情!

眼睛是如此珍贵!但是,在我们的周围,有很多人忽视了眼睛的保健,甚至小小年纪就戴上了眼镜。教育部门在一次调查中发现,在一个班的48名小朋友中,居然有40个是近视眼!调查显示,超过1/3的近视小朋友度数在200度以上,一成小朋友的度数超过400度,有一人甚至已经高达700多度。

面对如此庞大的数字,全社会都在呼吁:每位家长和每个小朋友都应该重视这个问题,还小朋友一双明亮的眼睛。

眼睛是心灵的窗口。既然近视眼已经影响到我们的生活,我们就要养成健康的用眼习惯,远离近视眼。即使已经患上近视的同学,也要注意用眼卫生,不能让近视的度数加深哦!在这里,我们来告诉你几个正确的用眼习惯,按照要求去做,你就会拥有一双明亮的眼睛。

第一,日常注意保护眼睛。首先要防止眼外伤。与小朋友做游戏时,要做一些安全适当的游戏,不要做危险性大的游戏,不要靠近燃放的烟花爆竹。看电视距离不要太近,以电视屏幕对角线的5倍为宜。比

学生一定要注意的50个细节

如 19 英寸的电视距离为 2.3 米。平时不要让眼睛过于疲劳。

第二，眼保健操是一种有效的保护眼睛的自我按摩疗法。读书时间过长产生视觉疲劳，眼保健操通过自我按摩眼部周围穴位和皮肤肌肉，达到刺激神经，增强眼部血液循环，松弛眼部肌肉，消除眼睛疲劳的目的。

第三，写字时采用正确的姿势。要保护好眼睛，就要培养正确的看书、写字姿势。读书姿势要端正，写字看书上半身要直，头不歪，也不要伏在桌子上。眼与书本要保持 1 尺左右的距离。读书、写字的时间不宜过长，隔一会儿可以向远方眺望一下，让眼睛得到放松。长时间持续阅读，忽视视疲劳，容易得近视眼。读写时所用的桌椅高度要根据自己的高矮来定，桌面的颜色不要太亮，减少反光。书写用的纸张应尽可能选用不反光、不透光的洁白纸张。

第四，选择合适光源。不在强烈的日光下看书。在强光下行走最好戴上太阳镜。光线阴暗时，用台灯看书比较适宜。而台灯应选择白炽灯，这是因为日光灯频闪，虽然不易察觉，但这种闪烁很容易造成眼睛疲劳。而白炽灯就不同了，它虽然亮度不如日光灯，但比日光灯的光亮自然、柔和得多，对眼睛的刺激也小得多。

第五，避免不宜看书的几种情况。摇动的车上，由于车上晃动不已，光线往往不适合看书。躺在床上看书时，看书的人往往不能把书本放水平，这样物体离两只眼的距离不一样，手拿着的物体也不能一直保持平稳，而且这样看书也不容易保持书放到一尺之外的地方，长期下去，很容易使眼睛出现一些症状，如斜视、近视等。

失明的人羡慕戴眼镜的人，至少还能看到这个漂亮的世界；患有近视的人羡慕不戴眼镜的人，因为不用担心丢掉眼镜后，眼前一片模糊。所以，当你有一双明亮的双眼时，请注意自己的生活细节：

保护视力，给自己留一双明亮的双眼。

百事通乐园

保护视力的误区

★看电视要关上电灯,既能节省电费,又能保护眼睛。

错!看电视时室内光线要适宜。如果室内过黑,电视屏幕与周围黑暗的环境形成强烈对比,长时间会加重视力疲劳。如果室内太白或太亮,同样也会妨碍眼睛健康。所以,晚上看电视最好点一盏低瓦电灯,白天看电视最好拉上窗帘。

★学习时眼睛累的话,只要放下课本或停止写作业就是休息眼睛了,比如去玩会儿电脑,看看课外书,甚至闭目养神。

错!要想真正休息眼睛,最有效的方法就是看5米以外的东西。在学校时,可以到教室外活动10分钟;如果在家,可以到阳台或窗前向外眺望10分钟。

★多吃含维生素A的食物就可以保护眼睛。

错!光吃含维生素A的食物是不够的,还应该吃富含蛋白质的食物,如瘦肉、禽肉、动物的内脏、鱼虾等;富含维生素C的食物,如各种新鲜蔬菜和水果,尤其是青椒、黄瓜、菜花、小白菜、鲜枣等;富含钙的食物:豆类、绿叶蔬菜、虾皮等。

绝不拖拉，争做一个勤快的人

细说生活

　　这个著名的寒号鸟的故事，相信有不少小朋友都看过，但当你看它的时候，你是否想到了自己呢？你做事情是不是也和寒号鸟一样拖拉，今天拖明天，明天拖后天，到最后因为贪玩，什么都没有做？

　　做事拖拉，心理学家把它称为一种病。你别看它是一件小事，时间久了就可能酿成大祸。如果医生做事拖拉，延误时间医治病人，病人就会有生命危险，后果非常严重；如果交通警察做事拖拉，路上的交通就会一塌糊涂，上班、上学的人都要迟到；如果小朋友做作业拖拉，就不能及时交上作业，巩固当天讲的内容。当然，第二天老师讲的课程他也别指望能听懂……小朋友们，你看这一切是多么的可怕呀！看起来是一件很小的事情，却引发出这么大的问题，让我们不得不重视起来。

　　现在，请你静静地思考三分钟，检查你是否有拖拉的毛病！平时，妈妈让你做作业时，是不是找各种理由搪塞？姥姥让你帮她去买一些针线时，你是不是因为精彩的动画片推到明天？

　　你找到自己类似的毛病了吗？如果没有，那很好，说明你是一个好孩子。如果你还不确定，那就通过下面的测试题来检测一下自己吧！如果你认为下面的叙述符合你的状态，那就在后面的括号里写上"1"。

　　1. 你经常上课迟到。　　　　　　　　　　（　）
　　2. 你常常习惯赖床不起。　　　　　　　　（　）
　　3. 你经常拖延交作业。　　　　　　　　　（　）
　　4. 你喜欢一边吃饭一边看电视。　　　　　（　）
　　5. 你总觉得睡眠不够，而找时间补觉。　　（　）
　　6. 在练习长跑时，你常不能坚持跑到终点。（　）

学生一定要注意的50个细节

7. 你常不能长时间坚持自己正确的意见。　　（　）
8. 你给自己定的学习计划常不能如期完成。　（　）
9. 你常说你该干某事了,可就是没有行动。　（　）
10. 你常要在别人的督促下才能完成任务。　（　）

怎么样,你一共得了多少分?

如果你的分数在0~3分之间,那说明你稍微有一点做事拖拉的毛病,但也要注意,无论做什么事情都需要提醒自己:我要快速、有效地完成这件事情。

如果你的分数在4~7分,你就有明显拖拉的毛病。如果你不相信就问问你的同学、老师和爸爸妈妈,看在他们眼里你是一个什么样的人,同时邀请他们监督你,好让你尽快地改掉这个毛病。

如果你的分数超过的7分,问题就严重啦!说明你平时是一个做事非常拖拉的人。因此,你需要十分注意这一细节,并想尽办法改正:

做事不要拖拉,学做一个勤快的人。

百事通乐园

百事通先生教你几个克服拖拉的招数

★如果你经常吃饭速度很慢,一吃就半个小时甚至一个小时,那就要引起注意了,你可以和吃饭快的小朋友学习。那样就吃得很快了!

★晚上临睡前就把第二天上学用的东西准备好,放在容易拿到的地方,以免起床后乱找而耽误时间。

★经常用笔把该用的东西和需要做的事记下来,防止丢三落四、昏头昏脑影响学习和做事的效率。

品格 细节

诚实、谦虚、勤俭、守信、孝敬……当我们在要求自己具备这些良好品格时,不要忘记,首先要从小事中培养自己的这些品格,让自己的品格不断完善,因为它们本身所具有的力量将让你受益一生。

27 坚持不懈，从小事做起

细说品格

有句话说得好：一个有毅力的人，再远的路程也是近的。因为他会想尽一切办法克服路途中的各种困难，在征服困难的过程中，不知不觉地就到达了胜利的终点。但是，从上面这个事例中，我们很清楚地看到，菲菲刚开始对上学充满了热情，但时间一长，困难一多，就退缩了。

英国著名小说家狄更斯曾经说过："顽强的毅力可以征服世界上任何一座高峰。"也就是说，无论遇到怎样的艰难险阻，一定要坚持到底。这是我们在面对困难时，要具备的一种积极的心态和行为。生活犹如一艘帆船，不可能全是风平浪静的港湾，更有激流与险滩的重重阻碍。胜利属于知难而进的人，所以面对困难时，要坚持不懈，认准目标，永不言弃。

每年冬季，墨西哥的几处山谷里就聚集着数以亿计的帝王金斑蝶，这些橙红色的蝴蝶层层叠叠地栖息在山谷中的树上，有时一株树上竟停憩着50万只蝴蝶，压弯了树枝。整个山林被染成一片橙褐色，宛如一张硕大而美丽的巨毯。

你也许想不到，这些蝴蝶的老家，竟在数千公里以外的美国和加拿大，它们经过两三个月的长途跋涉来到这里过冬。每年夏天，这些蝴蝶刚一羽化，就急忙踏上了漫长的征途，以每小时30~40公里的速度向南飞行。在这个过程中，它们主要靠自身贮藏的脂肪来维持消耗，其中不少蝴蝶因恶劣的天气等原因死在了旅途中。也有的迷了路，甚至到达了我国沿海的台湾、福建等地。但剩下的仍顽强向目的地前进，准确地到达了它们前辈曾经到过的那几处山谷。小小的生命就这样创造出了奇迹。

下次，当你遇到困难想退缩的时候，就想想金斑蝶吧，和它比

起来，你的困难简直不值一提。

所以，如果你希望自己是一个具有顽强毅力的人，那就记住这一品格细节：

遇到困难，永不言弃，尽力把每一件事情都做得有始有终。

百事通乐园

在细节中训练你的毅力

★做事情一定要坚定自己的目标。这是培养毅力的第一步，也是最重要的一步。强烈的动机可以驱使你超越许多困难。

★要有强烈的渴望。只有当你急切地想实现你的目标时，你才有实现目标的动力，它会促使你坚持到底。

★相信自己。信心可以鼓舞人坚持目标，永不放弃。

★和鼓励自己的人建立友好的关系，他会激励你努力奋进。

★给自己一点暗示。当你觉得快要退缩的时候，给自己一点暗示，比如实现你的目标之后你将会得到什么奖励等。

勤俭节约，从珍惜每一粒米开始

学生一定要注意的50个细节

细说品格

　　像漫画中这样喜欢浪费的小朋友一样的人，在我们周围还有很多，更为可气的是，那些喜欢浪费的人一点也没有意识到自己的行为是不对的，也难怪小米粒们会发起进攻。据记者调查发现，在一些学校里，浪费粮食的现象非常严重，每天都能看到从学校里推出一车又一车的剩饭剩菜，有些只吃了几口就倒掉了。

　　不仅浪费粮食，还有其他很多令人担忧的消费现象。有些小朋友一味追求时新的文具，流行流氓兔，就一定要有流氓兔图案的书包，流行蓝猫，就非要有蓝猫的书包、文具盒，总之是流行什么就要买什么样的文具用品。但是，市场上流行的东西更换速度非常快，如果流行什么就买什么，势必造成旧的还没坏又买新的，浪费自然就产生了。

　　如果说小朋友浪费仅仅表现在文具用品上的话，也许还不算什么，更为严重的是有些同学将钱大量地用在零食和玩具上面。很多零食的包装袋都以附送卡片、小玩具甚至现金来进行促销，他们经不住诱惑，纷纷掏出零花钱去买。有些同学甚至为了搜集一种方便面里附送的卡通卡片，在买来方便面之后，只要卡片，而将面扔掉。这种浪费现象实在令人痛心。

　　很多同学喜欢过节，比如"圣诞节"、"愚人节"等，过生日更是不可缺少的节目。过节的时候就要互相赠送礼物，这些礼物还很贵。过生日的时候非要请朋友聚餐，有时还要去溜冰场、电子游戏厅去过把瘾。这样一个生日下来，花去几百元也不足为怪。还有的同学喜欢追求名牌，衣服不是名牌不要，鞋子不是名牌不穿，书包不是名牌不用，甚至还和同学比着穿，这种大肆消费和攀比之风实在和21世纪小朋友的新形象完全不符合。

　　浪费是节俭最大的敌人。难道说，我们现在的生活好了，就可以丢掉勤俭节约的美德吗？

当然不是！我们时刻都要养成勤俭节约的习惯。在我们国家，还有很多贫困地区的孩子上不了学，许多失业家庭的生活尚待改善，许多受灾地区的人们吃不饱穿不暖，为什么不改变一下生活习惯，把以前浪费的东西节省下来呢？要知道在你大肆浪费的同时，还有很多和你同龄的孩子没有饭吃，没有学上，没有鞋子穿，没有衣服遮体。因此，勤俭节约的传统美德绝不能丢。

我们作为社会成员的一部分，应该牢记历史的使命，发扬中华民族艰苦朴素的优良传统。从珍惜一粒米、节约一滴水、节省一分钱开始，从每一个细节开始，立志培养自己勤俭节约的细节，争做一位优秀的小朋友。

所以，如果你想让自己的品格高尚，请遵循这一细节：

勤俭节约，从珍惜每一粒米开始。

百事通乐园

养成勤俭节约的习惯有高招

★吃得要实在。不要根据自己的口味挑食、偏食，一日三餐要坚持吃好、吃饱，也不要饭前饭后吃方便面、面包、蛋糕等零食。餐桌上保持卫生，不要让饭菜洒在桌面上，不要在自己碗里剩菜剩饭。

★穿着要朴素。即使家庭富有，也要穿着朴素一些。身为小朋友，没有贵族和平民之分，心态和行动都能平衡在同一起跑线上，这对我们的成长十分有利。

★珍惜学习用品。不要因为写错一两个字就撕掉一张纸，不要老是弄断铅笔芯，不要买只看不用作摆设的学习用品。

★给自己准备一个储蓄罐，以备必要时能派上用场。

细说品格

　　信守诺言是一种美好的品德，违背诺言、不守信用的人得不到别人的尊重，做什么事情都会碰壁。因此，当我们准备许下诺言时，要谨慎小心地对待，尽量考虑到各种可变因素和偶发条件，以防突然发生某些情况，妨碍诺言的履行。

　　自古以来，人们就把"信义"二字看得很重，一个人可以在一个时间欺骗所有的人，也可以在所有时间欺骗一个人，但不可能在所有时间欺骗所有的人。这个商人因为自己不讲信义而丢失了性命，想后悔也来不及了！

　　在你的周围，是否也有过说话很少算数的人？他们说好和你一起去书店，结果失约了。他们答应可以带来你寻找了很久的书，结果忘得干干净净。这样一来二去，你渐渐不再相信他们，因为他们的承诺等于零。

　　同样，如果你总是对自己许下的诺言不遵守，比如"我今天晚上不看电视剧了"，或者"我明天早上6点就起床"，或者"我再也不打电子游戏了"，这样的话说了一遍又一遍，结果没有一次能做到。长此以往，你连自己都不会相信了。

　　对待你自己许下的承诺，应该像对待生活中最重要的人一样认真，尽你所能，全心全意去完成它。

　　花儿是春天的诺言，潮汐是大海的诺言，白云是蓝天的诺言，远方是道路的诺言，世界因信守许多大大小小的诺言，肃穆而深情。

　　因此，如果你想成为一个正直、值得大家相信的人，就从现在开始注重自己这一品格细节：

　　说到做到，从小就学会做一个信守诺言的人。

学生一定要注意的50个细节

百事通乐园

在小细节中培养信守诺言的品格

★树立守信用的观念。信任建立在诚实的基础上，只有时时刻刻提醒和要求自己诚实，才能慢慢树立自己的信用。记住，一句谎话就有可能丢了信任。

★学会说"不"。当有朋友向你寻求帮助的时候，要先考虑自己的实际情况，看自己是否能够完成朋友的要求，如果你觉得有困难，就要委婉地说"不"。切记，不要为了自己的面子而丢掉了信任。

★如果答应别人的事情遇到困难，可以请大家帮忙解决。有许多事情做起来是有困难的，但既然你已经答应了别人，就要学会向父母或老师、朋友求助，共同完成这件事。

★要按时完成答应别人的事情。如果你答应了他人要做的事情，一定要记住，也可以把它写在本子上，时刻提醒自己，并努力按照说好的时间去完成。记住，答应别人的事情一定要放在心上，拖拖拉拉也是不守信用的表现。

★做不好要及时道歉。因为特殊的原因而不能按照原来说的去做，一定要及时向朋友说明原因，请求朋友的谅解。

★管住自己的嘴巴。如果朋友信任你和你说了一些心里话，或关于其他同学的闲言碎语，不要再跟其他人讲。背后议论他人或者传闲话，你的朋友不会原谅你，以后也不会再信任你了。

# 学生一定要注意的50个细节

细说品格

在生活中,你有没有经常说"谢谢"?能够经常说"谢谢"的人一定是一个善良、懂得感恩的人,而善良的人也会因此收获幸运、得到奖赏。

一句"谢谢"化解了人与人之间的陌生,成为连接人与人之间感情湖泊的彩虹。贫穷的小女孩之所以能得到金币,恰恰源于她那一声"谢谢"。有时,任何词山句海的感恩之心,都没有"谢谢"这两个字表达得更完美、更充分、更淋漓尽致!

每一天,当我们睁开眼睛,当太阳升起的那一刻,都时刻提醒自己——记得说"谢谢"。 因为"谢谢"是人生天平上的一块砝码,它能准确地测出你道德的高与低、文明的大与小、生命的重与轻。因为不懂得"谢谢"的人,就不懂得人生,不懂得生活,不懂得爱,不懂得做人。

如果你想说"谢谢",就马上说出来吧;如果你怀有感恩之心、感激之情,就尽快把它表达出来吧!要让"谢谢"成为你心灵的白鸽,而不要让它成为长期压在心上的石头。

今天,你说"谢谢"了吗?

你会用"谢谢"吗?

"谢谢",一个简单而美丽的词语,是全世界最温暖的声音。"谢谢",一个简单而美丽的词语,你会用吗?

★遇到困难时,别人给你帮助,你要说"谢谢"!

★乘坐公共汽车时,别人给你让座,你要说"谢谢"!

★请求别人给你帮助时,你要说"谢谢"!

★接受礼物时,你要说"谢谢"!

★医生给你看病,你要说"谢谢"!

★电梯工给你开电梯门,你要说"谢谢"!

★父母送你上学,你要说"谢谢"!

★老师教给我们知识,你要说"谢谢"!

……

最后,百事通先生悄悄地告诉大家一个秘诀:谁"谢谢"说得越多,谁就越快乐哦!

31 摒弃谎言，从小事中培养诚实的品德

细说品格

　　前面的漫画中，老师故意出了一些学生们从来没有学过的难题，问学生都答上了吗。但是，每个小朋友都没有举手说自己完成了。老师满意地看着这些小朋友，这就是她要的答案。她相信：这一节生动无比的课，将永远铭记在小朋友的心里。今后，无论路途有多远，无论多么坎坷，小朋友们都将恪守这一诚实的美德。

　　然而，与高贵的诚实相比，它的对手谎言就显得卑微了，卑微得任何时候都想钻到人的心里占据空间，肆虐地胡作非为。但谎言真的那么可怕吗？不，如果你始终坚持诚实的话，它一点也不可怕。亲爱的小朋友，不知道你在阅读这些文字的时候，有没有摸着胸口问一句："我撒谎了吗？"

　　你撒谎了吗？不管你是有意还是无意，撒谎都是不对的。关于谎言，伟大的德国哲学家康德说："我们应该拒绝一切，因为谎言能使社会不公正，它破坏了社会秩序，使善良的人遭受不应该有的惩罚。因而，在任何情况下，一个人都别无选择，他都应该讲真话。"是的，一个人如果不诚实，他将失去一位好朋友，一位好顾客或者是一桩买卖，甚至会因为欺诈而被送入监狱。在现代社会，一旦失去诚实这一品质，就毫无信誉可言，也就失去了一切成功的机会。而这一切都源于你昨天和今天有没有撒谎，如果有的话，你准备如何改正撒谎这个陋习？

　　所以，如果你想在小朋友时代种下诚实的种子，那就要注意这一个重要的细节：

　　拒绝谎言，在细节中培养自己诚实的品格。

百事通乐园

五条不诚实的罪状

最近，百事通先生暗访了几所学校，发现了小朋友中存在一些撒谎的现象。这里列举五条典型罪状，请撒过谎的同学自觉改正！

★ 曾经一次或者多次抄过同学的作业或者试卷。

★ 曾经不止一次用各种理由骗爸爸妈妈，索要零花钱。

★ 偷偷拿了同学的文具盒，骗妈妈说路上拣的。

★ 考试成绩不及格，骗爸爸说试卷丢了。

★ 老师明明留家庭作业了，却骗家人说没有留。

 爱护环境,从我做起

学生一定要注意的50个细节

细说品格

小朋友，我们生活在同一个地球上，地球就是我们的家。可是，随着科技的进步，地球遭受到了有史以来最为严重的污染，令我们生存的环境日益恶化，沙尘暴、全球升温、冰川融化、汽车尾气的大量排放、战争等，使我们的家园一天比一天憔悴。让我们一起来听听地球的声音吧：

今年我已经46亿岁了。

我在反思，或许我真的老了，或许我真的病了。

我知道人类总在抱怨：

抱怨我周身温度升高，

抱怨我身上的营养不足，难以养活所有的人口，

抱怨各地旱的旱，涝的涝，

抱怨空气越来越污浊，环境不如以前那样好……

我很苦恼。

看看被石油弄脏的海水，那是我的血液；

看看干旱焦灼的土地，那是我的皮肤；

可怜可怜失去了家园的动物，它们本与你们同源；

可怜可怜因战争和污染终身残疾的孩子，他们是你们的子孙。

救救我吧，只有你们可以拯救我。

如果你们还想把我当作安身的家园，

救了我，就等于拯救了你们自己。

"拯救地球"，不仅是地球发自内心的声音，也是我们全人类的声音，是我们每一个人都应该做的事情。无法想象，当有一天所

有的树木被砍伐光,所有的花朵都枯萎了,所有的动物只剩下骨骸,人口的急剧增长导致人们没有房子住,汽车的大量生产几乎封锁了所有道路时,我们的家会是什么样子?我们又该如何生存?

为了我们美好的家园,让我们一起携起手来,保护我们的地球母亲!让我们一起认真并执行这一细节:

爱护环境,从我做起!

几个重要的保护环境的方法

★尽量使用可降解的塑料制品,不使用一次性筷子、一次性餐盒。150万双一次性筷子等于2万棵大树。

★节约用水、电、纸张。节约资源包括减少使用的总量和废物利用或循环使用两方面。比如洗脸或洗衣的水可以用来拖地或冲厕所,写满字的纸张可以用来做剪纸或折纸。

★妥善处置垃圾。不要随意丢弃垃圾,要把垃圾分类扔进垃圾箱内。另外,要注意不可随意焚烧垃圾,以免污染空气或导致其他危险。

★旧电池等电子垃圾不可随意丢弃。一定要把它们放到旧电池回收箱里,尽量使用充电电池,减少使用一次性电池。

★保护动植物。不攀折花木,不践踏草坪。爱护野生动物,不喂食、不追逐动物园内的动物。积极参加种植花草树木和保护动物的公益活动。

★不胡写乱画。在游览美丽的水光山色、人文景观和文化古迹时,要严格遵守景点处的各项规章制度,做到"除了脚印,什么都不要留下;除了垃圾,什么都不要带走"。

33 谦虚的人很受欢迎

细说品格

几乎所有小朋友都知道，每一位父母都希望自己有个成绩优秀的孩子，但几乎没有人注意到这一细节——每一位父母都为自己有一个谦恭有礼的孩子而感到欣慰和自豪。一个人有才能固然是件值得佩服的事，然而谦虚甚至有着比才华更强大的力量，那就是美德的力量。

一个处处谦虚的人，除了能学到更多的东西外，还能受到大家的欢迎，从而结交更多的好朋友。但如果你不懂又不愿意谦虚地向他人学习，死要面子活受罪的话，到最后吃亏的还是你自己。

孔子说过：知之为知之，不知为不知。如果你不知道却偏偏说自己知道，那也是不谦虚的表现。孔子作为一位学识渊博的大学问家，都毫不自满，那么作为普通人的我们，又有什么资格骄傲呢？

一个人如果谦虚就会永不知足，就会不断学习新知识、新事物，学习别人的长处和先进经验，使自己不断进步。"虚心使人进步，骄傲使人落后"，谦虚会迎来成功，骄傲会导致失败。只有明白了这个道理，我们才能进步和成才。

不要拿自己的长处和别人的短处相比，也不要用自己的短处比别人的长处，找出差距，向别人请教，才是真正的谦虚。有一首歌唱得好："山外青山楼外楼，英雄好汉争上游，争得上游莫骄傲，还有英雄在前头。"因此，如果你想要做争上游的英雄好汉，如果你想要获得好人缘，那就要注意这一细节：

培养谦虚的好习惯，让自己具备谦逊礼让的高尚品德。

学生一定要注意的50个细节

百事通乐园

教你三个养成谦虚的办法

★阅读一些优秀人物的故事。同时代、同年龄的青少年的优秀事迹更具有激励作用。天外有天，人外有人。很多事物的优越性都是相对的，我们所拥有的，永远都微不足道，所以我们没有理由不谦虚一点。

★虚心向别人请教。我们每个人不是任何事情都能做，需要周围人的支持和帮助，不要不懂装懂，在需要别人帮助的时候，敢于求助于别人。

★要正确对待自己取得的成绩和荣誉。不要为自己的一点小成绩沾沾自喜，要用一颗平常心来看待，只有这样，才能取得更大的成绩。

34 控制情绪，不对他人乱发脾气

学生一定要注意的50个细节

细说品格

培根认为,容易激怒是一种卑贱的行为,受它摆布的往往是生活的弱者。有什么让你心烦的问题,可以心平气和地和爸爸妈妈或者别人讲清楚。发怒、破口大骂甚至动手都是无济于事的,根本解决不了任何事情。一个聪明的人懂得控制自己的情绪,获得最后的胜利。

很多小朋友遇到问题时,只是一味地急躁,不会停下来思考自己错在哪里,为什么会错,甚至还责怪老师或者爸爸妈妈没有照料好自己,一怒之下做出伤害自己也伤害朋友或者家人的事情。这种行为是很不可取的。那么我们该如何控制自己的情绪呢?

心理学家认为,容易被情绪左右的人都是自制力弱的人。自制力是自我意识的重要成分,是一个人走向成功的重要心理素质。生活中,我们随时随地都会碰到许多诱惑,它们总是展示出迷人的一面,引诱我们渐渐远离自己的理想与目标。我们做作业时,会受到游戏的诱惑;小孩子即使生了蛀牙,也会受到糖果的诱惑。

面对诱惑,自制力弱的人往往不知不觉陷入其中;自制力强的人却能控制自己做出有利于自己和符合道德规范的行动。历史上,自制力极强的伟人们的例子数不胜数。法拉第就是一个这样的人。

法拉第性格倔强、脾气古怪甚至有点暴躁,在他温文尔雅表面的背面,是火山一般炽烈的激情。他是一个容易激动甚至脾气暴躁的人,但是,在法拉第的性格中,有一点特别值得我们学习——自制力。法拉第把精力全部投入到化学事业中,坚决抵制一切诱惑,专心沿着纯科学之路探寻、求索。

正如廷德尔先生所说:"纵观他的一生,这位铁匠的儿子、装订工的学徒不得不在15万英镑的巨额财产和他所热爱的科学事业之间决定取舍。他义无反顾地选择了后者，死时他一贫如洗。但是，他的名字在 40 年里一直光荣地名列英国科学名人录的榜首。"

每一个人的性格中都既有优点，也有缺点，一个微乎其微的缺点看起来没什么大碍，但等它壮大后你就会发现它影响着你整个一生，而这些只是源于你一开始没有及时地制止它。这一点对现在的独生子女尤为适用。如果你想让你的一生都和成功握手，请记住这一细节：

学会控制自己的情绪比学会吃牛排重要得多！

百事通乐园

告诉你三个控制情绪的有效方法

★扩大视野，增长见识。知识多了，就会明白许多的道理，改变自己过去一些错误的做法。

★多和同龄人交往，平等相处。和同龄人交往，可以相互帮助、相互学习，摆脱依赖父母的习惯。

★用自己所了解的英雄伟人的事迹与自己的行为对比，从另一个角度去认识问题，主动地改变任性的行为。

35 遵守纪律，争做一个守法公民

细说品格

我们共同生活在一个和谐、和平的社会中。但是，有一些人偏偏要为了自己的利益做一些伤害他人的事情，这是人们所不容许的，也是全社会所不容许的，那么就需要法律和法规来限制这些破坏分子的行为，这就是法，是我们每一个人都必须遵从的规则或者章程。

作为小朋友，特别是生活在独生子女家庭的小朋友，不要以为有这么多的长辈呵护自己，就可以为所欲为了。小的时候不注重这个细节，不懂得掌握一些基本的法律知识，等到有一天你犯了错误后，就再也来不及了。

在今天，几乎每个小朋友都和漫画中的那个小朋友一样有一个充满爱的家，但是有些人却把这些爱当作资本肆意地获取自己的一己之需，结果自己把自己美好的青春葬送了。我们虽然年龄小，但如果在不知法、不懂法的情况下犯了罪，同样会受到法律的制裁。司法机关不会因为你不懂法而不予追究，不懂法并不能减轻你的罪过。

每一粒种子，都是一个生命；每一朵鲜花，都能散发芳香；每一股清泉，都有自己的方向；每一朵白云，都有自己的归宿。小朋友是朝阳中的花朵，将来都是花中之王，但在嘈杂的社会环境中，难免会沾染上一些不纯洁的东西，其中有的东西可能会损坏一些花瓣、枝叶，有的东西可能就会致命。所以，朝阳中的小树苗想长成参天大树，就需要注意这一细节：

从小学习各种法律知识，做一个遵纪守法的好公民。

学生一定要注意的50个细节

百事通乐园

百事通先生教你如何做一个守法公民

★认真学习和遵守校规校纪。《小学生守则》和《小学生日常行为规范》是小学生的行为准则，每个小朋友都应该遵守，不能任性妄为。

★不吸烟、不酗酒、不赌博，拒绝看不健康的书刊、音像制品。

★多和积极向上的人交往，坚决拒绝与社会上不三不四的人来往。

★学习一些与我们相关的法律知识。例如《宪法》《教育法》《未成年人保护法》《环境保护法》和《治安管理处罚条例》等。

36 父母生日的那天,为他们做一件事

学生一定要注意的50个细节

细说品格

生日是什么？

生日是自己生命的年轮又盘了一圈，是的。自己从零开始，然后知道了一二三；从爬开始，然后学会了站；从牙牙学语开始，然后学会了读书求学……这个漫长的过程多么艰辛啊！其间少不了风风雨雨、磕磕绊绊，不断成长的生命就是一个奇迹！怎么能不好好地祝贺呢？

可是，不要忘了，这些年来，是谁养育了自己？妈妈孕育了我们的生命，爸爸抚育了我们成长，温暖的家是最安全的心灵港湾。这一切的一切，怎么能够忘记呢？没有阳光，万物皆毁灭；没有清泉，生命皆枯萎。

所以，在爸爸妈妈的生日那天，请一定要送一件礼物，表达你的敬爱之情。礼物不一定多么昂贵，多么耀眼，只要能表达你的心意就足够了。你可以用零花钱给妈妈买一条漂亮的围巾，也可以亲手制作一张卡片，上面写上你最真心的祝福的话语，你还可以去野外采一束漂亮的野花，插在妈妈最喜欢的花瓶里，旁边放一张你写的小卡片，或者主动帮妈妈做些家务，帮爸爸浇花，甚至是一个深深的拥抱等，都可以当作是你的礼物。

除了爸爸妈妈过生日送上一份礼物之外，平时也要努力做一个孝顺的好孩子，帮父母做家务，认真学习，将来用行动报答父母等。自古以来，孝敬父母就是我们中华民族的优良传统，几千年来都不曾遗失或中断。在今天，当我们的生活逐渐富足和美好时，小朋友们更应注重这一细节：

孝敬父母不分事情大小。学会在生活小事中，培养孝敬父母的好品格。

百事通乐园

孝敬长辈的小细节

★认真听从父母的教诲，不辜负他们的期望。

★体贴父母，力所能及地多分担一些家务劳动，如帮助父母收拾饭桌、扫地等。

★理解父母，父母有时身体不舒服，小朋友应该尽心尽力地照顾他们，帮忙端茶递药等。

★外出时和家长道别；放学回家时先向父母问好；吃饭时，先请父母入座，替父母盛好饭菜。

★孝敬祖父母和外祖父母，放学回家先到祖父母房间问好，帮他们做一些点烟递茶的小事，给他们讲一些校园里的所见所闻，吃饭时，先扶他们入座，恭恭敬敬地递上碗筷。

37 面对错误，勇敢地说"对不起"

细说品格

　　每一个人在一生中都会或多或少、或轻或重地犯错误,做错事情。从某种意义上说,错误是不可避免的,无论你愿意不愿意。但是,人们对待错误的态度是不同的,有些人能够勇敢地承认自己的错误,承担应负的责任;也有很多人选择了逃避过错,推卸责任。

　　其实,承认错误、担负责任是每个人应尽的义务,任何不愿破坏自己名誉的人,都必须认真地对待错误和责任,这也是每个人应具备的最起码的品德和习惯。就像故事中的小朋友,她虽然打碎了花瓶,但是她有承担错误的勇气,这是难能可贵的。

　　亲爱的小朋友,你是不是想起自己也曾经经历过类似的事情?犯错之后你是选择什么方式来处理的呢?

　　不管你用何种方式来处理,有一点是大家都公认的。那就是:有责任感的人能够勇敢地承认自己的错误,尽力去改正错误或者弥补损失;没有责任感的人则选择了逃避过错,推卸责任。

　　如果我们为了一时的面子,或害怕受到惩罚而胆小畏缩,那么错误就成了我们心里永远的伤疤,会折磨我们一辈子。因此,为了不让错误留在心底,我们都应该拿出承认错误的勇气来,相信所有的人都会为我们感到骄傲,并为我们鼓起掌来的。

　　达尔文曾经说过:"任何改正都是进步。"歌德也说过:"最大的幸福在于我们的缺点得到纠正和我们的错误得到补救。"如果你犯了错误,请不要试图找寻各种借口逃脱,而应该将承认错误、担负责任根植于内心,让它成为你脑海中一种强烈的意识。无论在何时何地,这种意识都会让你表现得出类拔萃。你会因为勇于承担责任而变得更加自爱、善良和仁慈,从而成为一个崇高而正直的人。

　　所以,如果你想成为一个有责任感的人,那就认真做好这一细节:无论犯了什么错误,都要勇敢承认,并说声"对不起"。

学生一定要注意的50个细节

百事通乐园

教你做一个有责任感的人

★对待错误,要有正确的心态。在日常生活中,犯错误是难免的,只要敢于承认错误,就是一个值得信赖的人。所以对错误不要有恐惧心理,而应调整好自己的心态,正确地认知。只有如此,才能勇于承认自己的错误。

★光是承认错误就够了吗?当然不是。简单地说一句"我错了"是远远不够的,不妨多问自己几个问题:"我错在哪儿了","需要如何改正呢"。

★对于他人的建议、批评要善于接受。旁观者清,往往身边的朋友比你更能认清你的缺点和错误。如果他人对你提出建议,不要认为丢了面子和尊严,相反,正是这些逆耳的忠言铺就了成功的垫脚石。多想想别人说的有没有道理,再思考如何改正。

★在勇于承认错误的同时,善于认清自身的价值。承认错误不等于全盘否认自己,每个人都有犯错误的时候,一次错误,只要不危及自己或他人的生命,并不等于画上人生的句号。相反,它还可能帮助你完善自身。所以要以乐观的态度对待,相信自身的存在价值。

学生一定要注意的50个细节

细说品格

贫苦的少年人穷志不穷，尽管饥寒交迫，可是在他的心中仍然深深爱着自己的祖国，当有人侮辱他的祖国时，他毫不犹豫地将铜钱砸向卑劣的人。

每个人都应该有民族意识，应该深深爱着自己的祖国，无论何时何地，都不要忘了生养自己的祖国。

爱国就是对祖国的忠诚和热爱。在我们国家，历朝历代，许多仁人志士都具有强烈的忧国忧民思想，他们以国事为己任，前仆后继、临难不屈、保卫祖国、关怀民生，这种可贵的精神，使中华民族历经劫难而不衰。

爱国的内容十分广泛，热爱祖国的山河，热爱民族的历史，关心祖国的命运等，都是爱国主义的表现。在中华民族五千多年的发展历程中，中华民族形成了以爱国主义为核心的伟大的民族精神。

现代化建设更需要我们不断弘扬这种爱国主义的优良传统。只有这样，中华民族才能重振雄风，为人类文明与进步作出更大的贡献。

少年兴则国兴，少年强则国强。我们从小就要培养孩子的爱国情感和振兴祖国的责任感，树立民族自尊心与自信心。我们要积极进取、自强不息、艰苦奋斗、顽强拼搏，真正把爱国之志变成报国之行。今天为振兴中华而勤奋学习，明天为创造祖国辉煌未来贡献自己的力量！

所以，等到下一次参加升旗仪式的时候，请你一定要记住这个细节：

深情地向国旗敬礼，在心里默默立下为祖国而奋斗的志向。

百事通乐园

爱国的表现

★升国旗时,少先队员要行队礼,不是少先队员的同学要行注目礼。

★自觉了解祖国的历史和现状,通过影视节目、历史故事,了解祖国的光辉史和屈辱史,增强对祖国的热爱之情。

★国旗、国徽和国歌是祖国"母亲"的象征。勇敢维护国家的荣誉与尊严,当有人攻击和侮辱我们的国旗、国徽、国歌时,要挺身而出,坚决与之斗争。

★多参观我们国家的名胜古迹和历史文物,如长城、兵马俑、大运河等,听导游讲解或者查询有关古迹、文物的来由,增强民族自尊心、自豪感。

★热爱自己的家乡。家乡是祖国的一部分,爱祖国和爱家乡是分不开的。

★热爱自己的学校。对一个人来说,在学校度过的时光是他一生最难忘记的时光。培养自己对学校的感情对一个人来说非常重要。

★热爱自己的家庭、热爱自己的父母。

交际细节

　　一个自信的人能得到他人更多的微笑和认可；一个懂得合作的人能学会最大限度地发挥自己的优势和特长；一个懂得如何和他人相处的人总能在复杂的社会环境中如鱼得水，因为他们都掌握了必要的社交细节。那么你呢？是不是也应该掌握一些重要的社交细节呢？

39 礼貌待人，做一个人人夸奖的小绅士

细说交际

可想而知,下次仙鹤是不会再请麻雀来吃饭了!同样,一个不讲礼貌、行事粗鄙的人是永远不会受人欢迎的。

礼貌是拉近自己和他人的一座桥梁,懂礼貌的人容易让别人接受,成为一个受欢迎的人。一个人不管他多么有创见、有能力、有口才,一旦他的行为举止表露出粗俗、暴戾、唐突、野蛮、不合时宜等拙劣的倾向,他自身的形象就会大打折扣,没有人会信服他、尊敬他。

所以我们要掌握一些基本的文明礼貌知识,做一个人人夸奖的小绅士。

第一,打断别人的谈话是不礼貌的。

和别人——不论是老师、家长或者同学在一起的时候,要多听少说。在倾听对方说话的时候,要注视说话者,保持目光接触,不要东张西望。

第二,说粗话是一种不文明的行为。

一个人人夸奖的好孩子一定不会说粗话,因为说粗话是一种很不文明的行为,它直接影响着个人形象。

第三,面带微笑,主动和他人打招呼。

走在路上或在公共场所,遇见老师、邻居、同学等相识的人,应该主动打招呼,问候致意。

第四,公共场合礼貌不可不知。

在图书馆、阅览室等公共场所学习的时候,要注意整洁,遵守规则。

第五,约会礼貌更要懂。

如果你和家人去别人家做客，要注意避免在吃饭和休息的时间登门造访。拜访前，最好打电话告知，约定一个时间，以免扑空或打乱对方的日程安排。

大家要学习的文明礼仪知识还有很多，这里就不一一讲述了。需要注意的是，我们身边的每一个人都喜欢和一个彬彬有礼的人相处。因此，如果你希望自己是一个受欢迎的人，那就要做到这一个细节：

礼貌待人，学做一个人人夸奖的小绅士。

十条受人欢迎的文明礼貌行为

百事通先生最近非常辛苦。为了获得最可靠的信息，他特地走访了北京地区十所学校，调查了近千名小朋友、老师和家长，挑选出了十条大家公认的文明礼貌行为。对照一下，看你做到了几条？

1. 尊重他人财物，不要擅自拿取别人的东西。
2. 尊重他人的权益，不霸占或毁坏他人的权益、物品。
3. 服从老师和家长的教导和指示。
4. 守时不迟到。
5. 让座给需要的人。
6. 接受别人的关心和帮助后说"谢谢"。
7. 排队守规矩，不插队。
8. 尊重别人的感受，不愚弄、欺负和排挤别人。
9. 适当时与别人说"早安"、"谢谢"、"对不起"。
10. 进食时注意自己的礼貌和仪态。

40 克服自卑，勇敢地走向自信

细说交际

在这个世界上，通常有两种人：一种人积极向上，斗志昂扬，做任何事情都能成功；另一种人垂头丧气，整天跟在别人后面走，生怕自己走错了路回不来了，做起事情来没有一件成功的。对比一下，小朋友们，你自己属于哪种人？

不管你属于哪种人，有一个事实你要清楚：这个世界上没有十全十美的人，即使是那些已经做出非凡成就的成功人士，也有一些缺点或者缺憾。但是，他们为什么这么优秀呢？原因很简单，除了自己的不懈努力外，就是自信。

彼得是个身体有缺陷的孩子，他不能像正常人那样看到美丽的风景。刚开始的时候，他对自己失去了信心，悲观地认为自己的世界会一直黑暗下去。当他听了神甫的话后，深受启发，认识到自己并不是一个被丢弃的孩子，应该勇敢地振作起来。重新找到信心的彼得最终成为一个对社会、对世界有用的人。

其实，在我们生活的周围，还有许多像彼得这样的人，他们虽然或者眼睛看不见，或者不能走路，或者不能说话，但是这些勇敢的人始终相信自己的能力，他们奋斗着，甚至做出了比健全的人更出色的成绩。他们的精神感动了很多人，激励了大家一起努力。这些人，不正像我们经常说的"是金子总会发光的"吗？

虽然我们每个人身上都有一些不足之处，但你要相信我们身上同样有闪闪发亮的"金子"，你要永

学生一定要注意的50个细节

远相信自己是最棒的。

当然,要提醒大家的是,自信不是盲目的乐观,更不是虚弱的骄傲。这种虚无缥渺的自信是建立在周围的人不如自己的基础上的,一旦有人超过自己,而自己无法再保持领先地位,自信心便轰然倒塌。

所以,如果你想过上阳光灿烂的日子,如果你想结交更多的朋友,那就记住这一细节:

抛开心灵上自卑的枷锁,主动走向阳光,走向自信,用行动证明自己。

百事通乐园

增强自信的几种方法

★坐在教室的前三排。专家调查发现,经常喜欢坐在教室后排座位的人,都希望自己不会"太显眼",而他们怕受人注目的原因就是缺乏信心。

★把走路的速度加快25%。一般来说,走起路来比一般人快的人都有超凡的信心。

★打破沉默,学会当众发言。不论参加什么活动,每次都要主动发言,也许你的发言并不是最好的,但你已经实现了自我突破。这比什么都重要。

★经常用肯定的语气说话可以消除自卑感。如"我相信我能行"、"我一定能做好这件事"等。

养一只小动物，和它成为好朋友

学生一定要注意的50个细节

细说交际

狗是人类最忠诚的朋友。一旦你与它成为朋友，它会全心全意为你服务，把你当成最好的朋友，不仅分享你的快乐，在你不开心的时候，它也会默默陪伴、分担忧愁。

狗还是一个宽宏大量、无私无畏的朋友。它从不会计较你烦躁时候的坏脾气，对你的错怪，它也只是默默承受。而你对它的一点点爱抚，它却深记心底，以更加忠诚来回报你。

除了狗，还有很多其他动物身上也有值得我们学习的地方。骆驼长途跋涉后休息时，老骆驼不必自己梳洗，自有小骆驼亲昵地为它舔毛，直到它满意为止；羚羊不敢慢待长者，群体休息时，只要有一只老羚羊站着，小辈们就不敢躺下；墨鱼的母鱼生下小墨鱼后，双目失明，小墨鱼便伺奉在它的左右，争先恐后地喂它食物，表达自己的孝心，直到它眼睛复明为止。

动物，作为人类唯一亲近的朋友，和我们拥有地球这个共同的家园。生命对我们人类来说只有一次，对于自然界的动物来说也只有一次。为了大自然的和谐，为了我们人类，我们应该和动物友好相处。收留流浪的小动物，带动物出去踏青，给小动物洗澡，保护动物等，都可以使人与动物之间的关系变得密切，而我们自己也会因此变得感情细腻、丰富起来。这样，当我们与其他人相处时，也会更加融洽。

因此，我们从小开始就要做一个心地善良、富于感情的人，不仅要爱我们身边的亲人、朋友，也要关心、爱护每一只小鸟、每一只小狗，让它们能够自由自在地生活，让我们的共同家园更加美丽温暖。

养一只小动物，和它做好朋友，是撒播爱心、获得好人缘的开始。

百事通乐园

爱养动物的小朋友请注意啦

最近,百事通先生收到一位小朋友的来信。信上说自己非常喜欢小动物,但妈妈不让自己养,一是怕耽误学习,二是怕小动物身上的细菌招致自己生病。其实,妈妈的说法也不是没有道理,毕竟学习是最重要的事情。在这里,百事通先生给爱养动物的小朋友支几招,大家一定要注意看啦!

★初次接触动物,注意自身的安全问题,一旦被动物抓伤或者咬伤,及时去医院打疫苗。

★如果家里已经养动物了,请及时给动物洗澡,做好清洁工作。及时给动物打预防针,防止疫情发生。

★如果时间不容许,可以到动物园认养一只动物,利用节假日经常去动物园喂养它。

细说交际

在生活中，能够在别人面前把想法表达清楚，是一种十分重要的能力。因为人类的语言是交流思想感情最有力的工具，流畅的语言表达能力可以准确地把自己的想法或情感传递给别人，让别人了解、理解你。

有不少小朋友平时和朋友聊天说话的时候十分健谈，想说什么就说什么，想法表达得非常清楚。可是一到正式的场合，或者在很多人面前，或者在一个陌生人面前，他们就开始紧张了，身体发抖，满头大汗，不敢抬头看别人的眼睛，一直低着头，说话结结巴巴。明明是经过准备的，一到台上，脱离稿纸，就变得结结巴巴，语无伦次。这种情况真的很令人尴尬。

然而，有一个事实你必须清楚：良好的语言表达能力并不是天生的，它是可以通过训练获得的。

美国前总统福特初入政坛时，讲话总是结结巴巴，让人听起来很不舒服，甚至还有人戏称他为"哑巴运动员"。

美国著名作家马克·吐温有一次在谈论他首次在公开场所演讲时，说自己那时仿佛嘴里塞了棉花一样，脉搏快得几乎可以去争夺田径赛跑的奖杯了。

世界上著名的演说家德摩斯梯尼小时候是一个口吃儿，但经过他不懈地努力，甚至把小石子塞进嘴里，对着咆哮的海浪练习说话，终于他成为世界上最著名的演说家。他的事迹也深深地鼓舞了很多人。

因此，不要怀疑你的语言表达能力，不要担心你一说话就有人取笑你，也不要因此而不敢说话，只要你相信自己，勇敢地抬起头来去努力，去攻克自身的难题，你还怕自己不能出口成章吗？下面，给你提几个建议，希望所有向往拥有一流口才的小朋友能好好地领练，并付诸行动。

第一，你一定要对自己有信心。说话时双腿发抖、说话结巴，主要是因为自卑，怕自己讲不好会被人耻笑，所以十分紧张。其实，

 学生一定要注意的50个细节

你不用担心,每个人在公众场合说话都会紧张,只是程度不同而已。

第二,要想在演讲台上有出色的表现,你应该做好充分的准备。首先要把所要讲的内容好好理解,最好一条一条地写在纸上,不清楚的要及时请教别人。

第三,你平时还要注意一些说话的技巧。说话的时候,说话的速度可以放慢,一句一句说清楚,不要着急。说话要简洁有力,不要啰嗦,拣重点内容说,其他无关紧要的话就少说。

第四,抓住一切机会锻炼自己的表达能力,最好是多在公共场合大声地说话,做演讲。一次不成功没有关系,多训练自己开口讲话,你的语言表达能力自然就能得到提升。

总之,如果你想有优秀的语言表达能力,请记住这一细节:平时多锻炼自己的语言表达能力!

百事通乐园

教你几个获得好口才的秘诀

★镜子练习法。许多人说话之所以结巴,很大原因是自卑感在作祟,担心自己讲不好。这时,你就需要巨大的勇气和胆量来克服你的自卑。平时,你可以借助对着镜子练习演讲这一方法来排解。

★多讲多问法。这一秘诀主要是给那些不知道如何开口说话的小朋友传授的。你可以鼓励自己在课堂上踊跃发言,开小组会或班会时积极发言。看完电影、小说或听过新闻广播之后,主动地向同学复述电影、小说或新闻的情节内容。积极参加学校里举办的朗诵会、讲演会、讨论会等都可以提升你的语言表达能力。

★博览群书法。利用各种途径扩大自己的知识面,增加自己的知识贮备量。这一点在演讲时非常重要,它会教你如何做好准备,充分熟悉要演讲的内容。

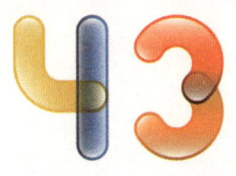
学会真心地赞美他人

 学生一定要注意的50个细节

细说交际

在这个世界上，根本没有十全十美的人，同学或者朋友的身上存在一些缺点都是很正常的，因为我们自己也有这样或那样的缺点。但是，瑕不掩瑜，我们要学会从整体上看待一个人，欣赏并学习他的优点，对于那些小缺点，要帮助他改正，并告诫自己也不能有这些缺点。如果你揪着他人的毛病不放，你肯定交不到真心朋友。

黑色的眼睛只能看到黑色的世界，光明的眼睛看到的都是光明。周围的人不可能都合你意，你也不可能喜欢一个人的所有。狐狸花花为什么没有朋友，因为它总是挑剔别人的缺点，却往往忽视自己的不足。相反，如果它能够学会发现对方的优点，忽略对方不重要的缺点，那花花一定会很快乐。因为它在给别人以愉悦的赞美时，也给别人带来了快乐，就会受到别人的喜欢。

懂得谦虚并欣赏别人，一点也不会让自己为难，反而让朋友间的友情更加坚固了。

当然，可能有的人会发出这样的疑问：如果明明看到一个满身都是缺点的人，也要我去称赞他，我做不到。如果你这样想，那也不对。赞美不是谄媚与逢迎，赞美别人也不是人云亦云。我们不会轻易赞美别人，但对那些意气相投的人，对值得我们钦佩的人，或者相逢并不相识的人，我们都应该毫不吝啬地去赞美他们。

赞美不是一种虚伪的语言，而是以爱为出发点，去欣赏他人的优点，进而赞美他。它要求用真诚的心态，诚心诚意地去发掘他人的特点，进而赞美他。赞美是一门大学问。它不仅能融洽你与他人的关系，还能使你的心情舒畅，性格开朗。如果你想让自己有好人缘，如果你希望自己变得更加开朗、快乐，那么请不要忘了这一细节：

经常发自内心地、由衷地赞美他人。

赞美的话语

据百事通先生调查发现，每天多说赞美的话语，能让一个人轻松、愉快地度过新的一天。在这里，百事通先生列举了一些赞美的话。大家一定要记得说啊！

你写的字真漂亮！

你这身衣服搭配得真好！

哇，你竟然考了这么高的分数，真棒！我要向你学习！

哦！你的演讲实在太精彩了！

你今天晚上的表演很成功，祝贺你！

成功的基石是合作

细说交际

在上面这个漫画故事里面，老人的良苦用心，目的是要他的几个孩子能够团结合作，互相帮助。因为只有团结合作，才能产生强大的力量。

关于合作，我们所熟悉的雷锋叔叔是这样理解的："一朵鲜花打扮不出美丽的春天，众人共进才能移山填海。"的确，一个人想要步入社会并站住脚跟，取得成功，最关键的还是靠能力。而与人合作是一个人生存和发展最基本、最重要的能力，但遗憾的是这个细节却被很多人所忽视。

在这个世界上，个人的力量再强大，也总是显得单薄，无法战胜稍微艰难的事情。而团结与合作能够聚集强大的力量，完成个人所不能做到的事情。

在2006年召开的全国政协会议上，我们国家的胡锦涛主席特别提出了"八荣八耻"，其中有一条是这样说的："以团结互助为荣，以损人利己为耻。"也就是说，我们共同生活在一个大家庭中，想要共同发展，共同进步，只有双手紧握在一起，才能走向辉煌。损人利己、钩心斗角的行为都是不可取的，那是一种莫大的耻辱。

学会生活，必须先学会合作。在合作的过程中，大家会学会如何协调自己与他人的关系，使得整个集体更加融洽，合作更加愉快。无数事例证明，一个具有合作精神的人，能够更容易适应这个社会，并发挥积极作用，而不懂得合作的人在生活中会遇到许多麻烦，产生更多的困难并且无所适从。

生存的第一法则就是合作。那些急功近利，因一己之私而践踏

学生一定要注意的50个细节

合作法则的人，从短时间看是损人利己，从长远看却是害人害己自取灭亡；相反，照顾和维护了别人，别人也会感恩并回报你一分善意。如此双赢的局面，谁会不喜欢呢？

因此，小朋友如果想在以后的人生路上充分地施展自己的才华，踏上成功之路，就必须注重这一细节：

以开朗、乐观、积极的合作姿态作基石，与朋友、同学，甚至陌生的人和谐相处，培养自己的合作意识。

百事通乐园

教你几招合作技巧

★向他人请教是交朋友的第一步。这是很多人都尝试过而且十分有效的妙招。没有人会拒绝你的请教，也没有人不愿意和你交朋友。只要你愿意，只要你开口向他人请教，你就可以收获友谊。

★凡事要想到别人。我们要培养慷慨大方的气度，要经常想到别人。如果自私自利，凡事都只想到自己，就会遇事斤斤计较，也就难于与别人友好相处，又怎么谈得上与别人团结呢？

★学会经常换位思考。如果别人遇到困难，你不愿意帮助别人时，设想一下，如果是自己遇到了困难，希不希望别人帮忙，会不会从心里感谢帮忙的人？

★多参加集体活动。积木、拼板等游戏，足球、篮球、跳皮筋、跳绳等活动，既有两团体之间的对抗与竞争，更有团队内部的协调一致，这些都非常有利于培养我们的团队精神与竞争能力。

 争当班干部，培养自己的竞争意识

学生一定要注意的50个细节

细说交际

生活中，你可别小看这一次竞选，它是人生中的重要转折点。晓勇同学敢于竞选班干部，一方面他的勇气可嘉，另一方面也许从此以后晓勇的人生就完全变了，他会变得比以前更加自信。现代教育是以培养面向现代化、面向世界、面向未来的高素质人才为最终目标的，现代社会需要能够在激烈竞争中立足的复合型人才。在竞选中培养自己的竞争意识，确实是培养适应未来社会生存者的好途径。

有些同学认为班干部就是为老师跑腿的，也有的同学认为如果落选是很丢脸的事，其实并不是这样。

张伟第一次参加竞选的时候落选了，但他并没有因此而丧失信心，相反，他更加努力学习了，还积极地参加各种活动，主动和同学交流，帮助同学解决学习和生活中的各种困难。看起来，这个不是班长的同学在某些方面还胜过班长。第二个学期，新一轮班干部竞选时，张伟顺利地当上了班长。这次，当同学们问他当班干部有什么想法时，他说："多亏了上个学期的竞选，要不然今天当班长的肯定不是我。"

参加一次竞选，可以让一个胆小懦弱的你变得无比勇敢，知道任何失败都只是暂时的。如果你落选，只是说明你肯定有什么地方不如别人，它会更加激发你的热情，不断地完善你的缺点，就像张伟同学一样。当一回班干部，管好班级，最大程度地培养你的交际能力、管理能力和协调能力。谁能保证在今后竞争激烈的社会里它不是一个铺垫呢？谁能保证在你以后的人生路上不会用到这些呢？

所以，如果你希望长大以后能更好地适应这个社会，如果你希望自己不会埋没在众多人才中，那么，就请注意这一细节：

争当班干部，培养自己的竞争意识。

百事通乐园

培养竞争意识的有效途径

★找一个比你成绩稍微好一点的同学做朋友，让他做你学习上的目标。

★积极参加各种文体活动，在活动中培养自己的各项能力和竞争意识，让自己不落后于他人。

★竞选班干部。这是最具有挑战性和说服力的一项工作。

消除自私，主动伸手帮助他人

细说交际

从小到大,小朋友肯定读过不少"助人为乐"的故事,可是听那么多"助人为乐"的故事对自己有什么帮助呢?如果你没有思考过这一问题,那么不妨想一想故事中的猫头鹰为什么没有朋友。

是呀,像猫头鹰这样自私自利怎么可能会有朋友、怎么可能快乐呢?

在这个世界上,每一个快乐健康的人都有一颗善良美丽的爱心。他们不会像猫头鹰那样自私,而是无私地尽自己的所有,去帮助那些需要爱和关怀的人。他们不会自私地袖手旁观,而是真诚地助人一臂之力。他们总是在帮助别人的过程中收获一种好人缘。

如果你总是抱怨你身边的朋友很少,如果你正在为你自己发愁,如果你习惯于心安理得地享受别人给你的帮助,那你就要好好反省自己,是不是该多付出一点,该尽力去帮助他人呢?要知道帮助别人,也就是帮助了自己。只有付出爱心,才会收获爱。一个人只有在爱与被爱中才能真正体会到生命的意义。

所有充满爱心的人都会受到人们的喜欢和尊重。你在得到别人爱心的同时,也别忘了付出你的爱心。只有在小的时候拥有一颗善良的心,一双充满友爱的手,长大之后才能有仁慈、高尚的品质,才能成为一个富有道德情感的正直的人。

所以,如果你想让你的生活中充满爱和欢笑,你希望喜欢你的朋友越来越多,那就记住这一细节:

消除自私,主动伸手帮助他人,撒播爱的种子。

学生一定要注意的50个细节

百事通乐园

撒播爱心种子的几种方式

★撒播爱心，首先从帮助自己身边的人做起，帮助自己的爸爸妈妈、兄弟姐妹、左邻右舍等。

★把同学看作自己的亲人。每个同学在家里都有父母照顾，到学校就只能互相照顾了，大家应该像兄弟姐妹一样互相帮助。

★把你的零花钱捐给希望工程，至少可以给那些渴望知识的孩子买一本书。把你衣橱里很久没穿的衣服捐出去，至少可以让一个贫穷的孩子少受寒冷的折磨。

★你可以用你想到的任何一种方式去帮助大家，总之，你帮助的人越多，你的人缘就越好，你也就越快乐。

 做一个乐观积极的人

学生一定要注意的50个细节

细说交际

据说，每当一个人降临在人世上的时候，人们听到的第一声就是啼哭。至于婴儿们为什么要啼哭而不是笑，智者是这样解释的：上天希望每一个生命降临时，都用第一声啼哭来换取一辈子的乐观和快乐。即使是遇到烦恼时，也能用积极的心态去化解烦恼，承载快乐。

然而，人的一生总会遇上这样或那样的挑战，还会碰上一些不如意的事情，但是有的人能以一种乐观积极的态度去面对，有的人却从此悲观失落，好像世界末日就要来临似的。事情真有那么严重吗？看看前面这个漫画你就明白了。

这真是一个充满奇迹的故事。不幸接二连三地发生，但智慧老臣总能用他平和的心态，乐观积极地对待，从而感染了国王，让国王也能从不幸的阴影中走出来。可见，乐观积极的态度对一个人以及他周围的人都有很大的影响。

有一个哲人曾说：如果你只在乎你失去的多少，那你就永远不会知道你拥有了多少。反过来说，也就是只有当你知道你拥有了多少时，你才会知道你是多么富有，多么快乐。你拥有健康的身体，拥有爸爸妈妈浓厚的爱和关心，拥有好多珍贵的友情，拥有温暖的阳光和自由的空气等。这所有的一切，不值得你微笑吗？不值得你快乐起来吗？

每一种品质都很重要，但乐观积极进取的态度在人生中担任着极为重要的责任。每一段人生都会坎坷，每一条路都会曲折，每爬一座山都很艰难，如果你因此而止步，那请你为后来者让步。欣赏一下他人的矫健步伐，看你缺少些什么，看你要补充什么。

只要你用心去感受，就会发现，生活中乐观的理由每时每刻都在产生。比如，在电梯门将要合拢时，有人按住按钮为了让你赶到；收到一封远方朋友的来信；有人称赞你的新发型；雨夜回家时，发现门外那盏坏了很久的路灯今天又亮起来了；清洁工在离你几步远的地方停下扫帚,而没有让你奔跑着躲避灰尘。诸如此类的生活细节,都可以作为乐观积极的理由,因为这是生活送给你的礼物。

最后,让我们再回到文章的开头,假如是一位悲观的人,他会怎么解释婴儿的啼哭。他会低着头,用有气无力的声音回答:其实,这一切上天都已经安排好了。婴儿的第一声啼哭无非是在告诉人们,每一个人来到这个世界都是要受苦受难的……他会把他想到的一切悲观的词都用上,从而制造一个悲观的世界。

那么,世界是否会因个人的情绪而改变呢?答案当然是否定的。相反,周围乐观积极的人会更加衬托你的无比悲伤,更加没有人会接近你,喜欢你了。因此,如果你想让自己变得更加开心,想让更多的人喜欢你,请记住这一条细节:

想尽一切办法把自己变得乐观积极起来!

百事通乐园

告诉你几个保持乐观的秘诀

★学会爱别人,积极去帮助他人,向他人显示你的信心,并把信心传给他人。

★少发一些牢骚,多一些宽容。尽量用平和的心态对待周围的一切。

★做事情不拖延。专家发现,人类的大多数烦恼都是由于人们习惯拖延,从而产生一系列的担忧。

★多参加有益的文娱活动。如和小朋友们玩游戏,参加学校的体育项目等,开阔自己视野。

★多看一些幽默漫画书,培养自己的幽默感,让自己尽可能地用幽默的态度对待事情。

为自己撑起安全的保护伞

细说交际

在我们的生活中，有时也会出现故事中狐狸那样的坏人，那些坏人往往不会直接表现出他们丑陋的本质，而是用迷人的微笑、甜言蜜语或物质报酬等诱惑人。如果我们缺少警惕意识，就很容易上他们的当，后果变得不堪设想。

在现实生活中，除了那些伪装的坏人外，还有很多"生活杀手"，稍微不注意就可能对自己造成伤害。因此，我们应该在日常生活中培养自己的安全意识，掌握一些基本的常识，学会自我保护。

第一，掌握自我保护常识。每个小朋友都要牢记家庭、学校的地址和电话；记住一些常用的特殊电话，如110、119、120等；知道学校、家庭附近派出所或报警位置；熟知家庭、学校的安全出口；掌握一些逃生自救的方法，如止血、简单地护理伤口、人工呼吸等。

第二，学会正确对待陌生人。如果你要外出，尽量和几个同伴一起出去。当独行路遇陌生人搭话时，必须保持警觉和镇定，当陌生人给你食物时，坚决不吃；当你独自在家时，不要轻信陌生人的话，更不要随便开门；当接到陌生人的电话时，要问清对方是谁、找谁，不要将自己的姓名和父母不在家的情况告诉对方。

第三，增强交通安全意识。每年都有很多小朋友因缺乏基本的交通常识葬身在车轮底下，为了保证自身的安全，小朋友应掌握马路行走常识、乘车常识、过路口常识以及发生车祸时的应急措施。过马路时严格遵守交通规则，红灯停、绿灯行，标志标线要看清；穿越公路左右看，不在路上跑和玩。

第四，正确掌握用电、逃生常识。正确使用各种家用电器，掌握安全用电常识，学会如何切断电源、如何避免事故的发生等，养成人走电断、不去触摸电器金属部分等良好习惯。如果遇到火灾、地震等意外情况，应该懂得如何逃生、自救，以减少伤亡。

第五，懂得自护自卫的方法。自护自卫对每个小朋友来说都非

学生一定要注意的50个细节

常重要，这些常识将让你尽可能地减少不必要的伤亡。如不要从高处往下跳，不要倒着滑滑梯，迷路时就近找警察，有人纠缠时要跑向人多处并大声呼救，遇到坏人要运用智慧设法逃脱，并记住坏人的特征，以便报警等。

以上所述，只是对小朋友自身的安全问题做一个总体的概括，最关键的一点还是我们自己要注意这一细节：

增强自我保护意识，并时时刻刻保护好自己。

百事通乐园

教你8种自我保护的方法

1. 课间活动不要开玩笑、恶作剧而引起打架、翻脸，损坏公物，造成伤害事故。

2. 行走时，不以跑代走，防止跌倒或碰撞。如有急事可快步走，注意来往行人车辆。

3. 不拿石块、硬棍丢人，不小心摔、砸、碰伤流血时应迅速报告，及时到卫生室或附近医院处理。

4. 当路遇他人索要钱财时，要留心坏人的特征，尽量拖延时间，巧设计谋，抽空溜走报告老师或家长，也可向路人呼救。看到同学被威胁利诱，随行同学应主动迅速报警。

5. 遇到电线断头，切不可随意拉、拔。不熟悉的电器不乱摸，以免危险。

6. 若遇闪电打雷、刮台风，要尽量避开大树和危险建筑物。平时不到建筑工地手脚架下或危墙、广告牌下玩耍。

7. 没有家长带领，不能擅自游泳。

8. 不在公共场所、校园内放鞭炮，也不围观他人放鞭炮。

# 打开心门，主动和他人交流

学生一定要注意的50个细节

细说交际

　　漫画中的母亲说得真好，热情的阳光并不需要刻意地去扫，只要将窗户向外开启就可以了。人的心灵不也是如此吗？当你把封闭的心扉敞开一丁点儿，你将可以立即感受到无穷的光明和温暖。

　　然而，这个世界上的许多人已经忘记了怎样去打开自己的心扉。在这个城市里面，人们筑起了高高的围墙，给窗户装上钢栅，给大门装上厚厚的钢门。结果整天对钥匙提心吊胆，生怕一不小心丢了，落得个露宿街头。而有时如果一不小心把自己反锁在家里，那也同样麻烦，因为邻居听不到你的喊话，即使听到了也懒得理你。人们关上了门，反而失去了安全感，人与人之间的关系越来越冷漠，这是一件多么令人悲哀的事情。

　　为什么不尝试着打开心门，主动和他人交流呢？要知道，紧锁的眉头后面有着蔚蓝的天空、欢快的鸟儿、迷人的花香和真诚的笑脸。与那种故作深沉的冷沉默相比，打开心门的好处实在是太多了。

　　也许你的不善言谈是由你的性格决定的，但是，生活在同一片天空的我们同样需要朋友，需要关爱。怎样才能建立朋友关系呢？有一个细节你必须注意：那就是从坦诚的交流开始。

　　也许你本来就是一个能说会道的人，只不过在陌生人面前有点拘谨了。这时的你，只是缺少一点点勇气和自信而已。你要相信，只要你主动和他人交朋友，是没有人会拒绝你的。

　　在一辆公交车上，每天清晨都载着几乎相同的一车人，他们彼此是熟悉的却又是陌生的，因为他们用报纸、用冷漠的眼神把彼此隔开了。有一天，司机突然让所有的人一律放下报纸，然后要求他们像小孩子一样微笑着跟邻座的人说声"你好"。所有的人都在彼此笨拙的问候中笑了，并把这清晨的微笑带到各自要去的地方，带到下一天，再下一天。

　　感谢司机，用命令式的口吻让人们重拾久违的温暖，重新体会到那种轻松的快乐。看起来，敞开紧闭的心扉，并不是一件多么难的事情，有的时候，真的只是需要一句真诚的"你好"，一个温暖的微笑，一个关怀的注视，一个举手之劳的帮忙，一种自己快乐并把快乐带给别人的心情。

人从一生下来，就生活在万花筒般的世界，对世事有着强烈的好奇心。要认识人间苦、辣、酸、甜、辛，就得亲口尝一尝，方知其味的不同。要想得到丰富的人生智慧、知心的好友，就要学会交流。只有相互交流，才能理解和被理解，也只有相互交流，才能爱和被爱。那么，交流的第一步又是什么呢？对了，打开心门。请记住这一条社交细节：

只有打开心门，才能做到真正的交流。

百事通乐园

教你如何学会沟通

人际关系学大师戴尔·卡耐基曾说过："一个人在事业上的成功，有15%归结于他的专业知识，另外85%归结于其表达思想、领导他人和唤起他人热情的能力。"也就是说，一个人的成功与否很大程度上取决于他的沟通能力。那么，如何学会沟通呢？在这里给你支几招。

★学会真诚地关心他人。因为只有当我们主动关心别人的时候，别人才会主动关心我们。

★尊重他人的兴趣。这是一种缩短你与对方距离的有效途径。

★学会认真地倾听。主动和他人交流，并不代表你要喋喋不休，很多时候认真倾听比长篇大论更有效。

★在交往中、千万要记住他人的姓名。姓名犹如一个人的名片，无论在哪里，你碰见他都能叫出他的名字，那会是语言当中最甜蜜、最重要的声音。

 每天给自己一个笑脸

细说交际

　　微笑，是人类的一种本能，是内心情感的外在流露。

　　微笑，是一种心境，是得意时的淡然，是失意时的坦然，是宠辱不惊看庭前花开花落的豁达与沉稳。微笑，是一笔财富，拥有它的人，在艰难困苦的日子里依然会怡然自得；而鄙弃它的人，在春风得意的时候也是郁郁寡欢。微笑，不是奉迎，不是谄媚，是相逢一笑泯恩仇的那份豪情，是他乡遇故知的那份感激。

　　用微笑与初来乍到的人打招呼，是一种极其自然、舒服的交流方式。让陌生人觉得这个环境温暖无比，顿时对这里产生亲切感。它比任何流光溢彩、缤纷灿烂的广告都有效，它将直抵人的内心。

　　人际关系大师戴尔·卡耐基有句名言：行为胜于言论。对人微笑就是向他人表明："我喜欢你，你使我快乐，我喜欢看见你。"因此，如果你觉得你的人缘不好的话，那么原因只有一个，那就是你忘记微笑了。为什么要忘记微笑呢？连小蜗牛都知道微笑，你怎么可以忘记呢？

　　是呀，为什么不微笑呢？也许你正为这次期末考试而担心，也许你正为下个星期演讲比赛的资料而发愁，也许你正和好朋友闹了一点小别扭，也许你就是一个冷若冰霜的人，但是，你没有理由拒绝微笑，因为它是春日里盛开的百合，夏日挺立的马蹄莲，秋日里恬淡的红枫，冬天里傲霜的白梅，一切都显得那么自然，不带半点功利和俗气。只要你学会微笑，你就会发现，原本凝结在你心头的不快都已经烟消云散了。

 学生一定要注意的50个细节

　　纽约一家大型百货商店的人事部经理在招聘员工时，提出了一个让人耳目一新的概念：我宁愿雇佣一个小学未毕业的女职员——如果她有一个可爱的微笑，而不雇佣一位面孔冰冷的哲学博士。由此看来，微笑不仅能缓解人们情绪，调节人际关系，还能使你获得一份好工作。

　　所以，无论你是面对一个亿万富翁还是面对一个潦倒乞丐，无论你是重逢亲朋故交还是邂逅生人新友，只要不忘记微笑，你就能领悟友爱和尊重，就能挥别生活中的窒息，一切来自外界的纷扰和来自内心的羁绊也都变得无足轻重,你的周围必将充满温情和友善！那么，还犹豫什么呢？

　　每天给自己一个笑脸吧！

百事通乐园

　　★微笑的时候，人的五官和脏腑是相联系的，人的表情一放松，脏腑也就放松了，因而有通畅气血的作用。"笑一笑，十年少"就是这个意思。

　　★微笑能使心理得到放松。比如看病的时候，如果医生慈祥一点，多说一些鼓励、安慰的话，再加上一点点微笑，病人的痛苦就会减轻不少。

　　★微笑对待周边世界，会得到更多的机会。在这个世界上，你给对方一个什么样的表情，别人就回报给你一个什么样的表情；如果大家都以真诚的微笑对待别人，感化别人，很多事情就好办多了。